著＝土屋 健

協力＝芝原暁彦
編＝ネイチャー&サイエンス

河出書房新社

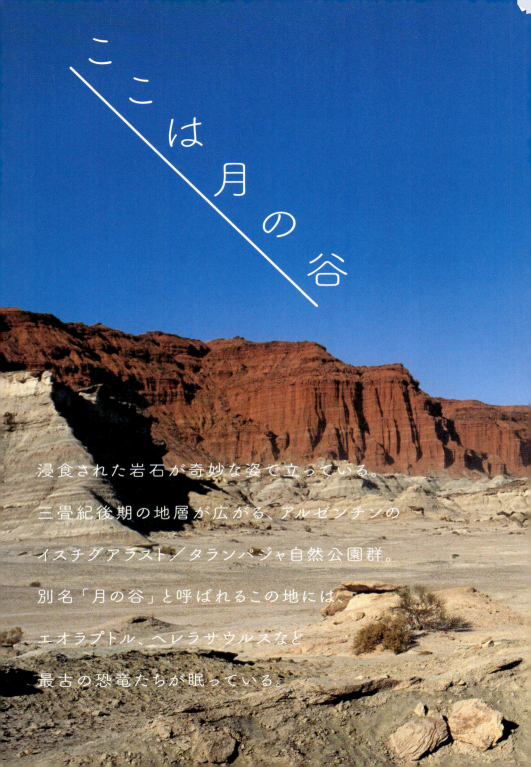

ここは月の谷

浸食された岩石が奇妙な姿で立っている。
三畳紀後期の地層が広がる、アルゼンチンの
イスチグアラスト／タランパジャ自然公園群。
別名「月の谷」と呼ばれるこの地には、
エオラプトル、ヘレラサウルスなど
最古の恐竜たちが眠っている。

虹をまとったかのようなこのアンモナイトは、
長いときを経て、化石の表面が宝石へと変化したもの。
宝石としての呼び名は「アンモライト」。
赤が最もよく見られる色で、青い色は珍しい。

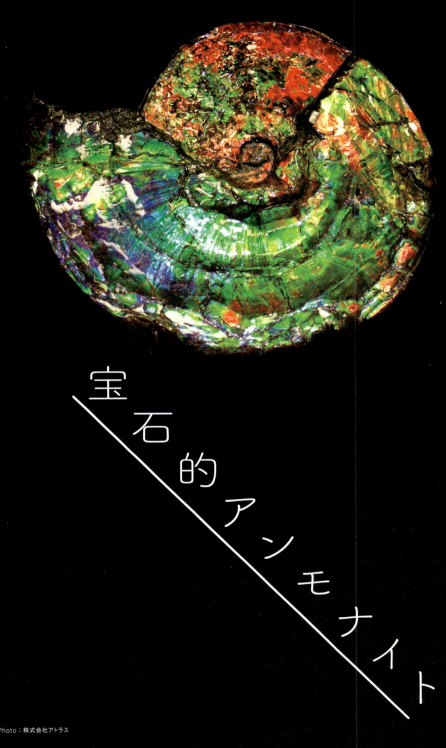

宝石的アンモナイト

Photo：株式会社アトラス

Contents

Chapter 1. 先カンブリア時代末と古生代 Precambrian and Paleozoic

Precambrian 先カンブリア時代

Paleozoic 古生代

- **Cambrian** カンブリア紀
- **Ordovician** オルドビス紀
- **Silurian** シルル紀
- **Devonian** デボン紀
- **Carboniferous** 石炭紀
- **Permian** ペルム紀

先カンブリア時代の動物たち
- 不可思議生物の時代 10

カンブリア紀の動物たち
- カンブリアン・エクスプロージョン 12
- 大繁栄のはじまり！（三葉虫） 15
- スペシャルな三葉虫へ 18
- カンブリア紀の生き残り 23

オルドビス紀の動物たち
- 生き残りの三葉虫 24
- "最強"の海洋節足動物 26

シルル紀の動物たち
- カンブリア爆発の生き残りたち 30
- 三葉虫類、徒花を咲かす 32

デボン紀の動物たち
- 魚類、主役に躍り出る！ 36
- そして、上陸（脊椎動物） 38

石炭紀の動物たち
- モンスターとクラゲたち 40

ペルム紀の動物たち
- 爬虫類、発展する！ 42
- 単弓類、覇権を握る！ 46
- ぐるぐる歯 48

特別対談！ ティラノサウルス×アノマロカリス

古生物トーク 「滅んだ我々が語っていきます」

はじめに…そもそも化石って何？ 49
1. 名前はどうやってつけられたのか 50
2. カンブリア爆発について、冷静に語る 52
3. 四足動物の脚は何のため？ 54
基本編 その1 最古の化石って何なんだ？ 56
基本編 その2 見つけた化石は誰のもの？ 57
4. 史上最大・生物ほとんど絶滅大事件 58
5. ティラノサウルス"モフモフ"問題 60
6. 恐竜絶滅の真相 62
基本編 その3 古生物学と考古学ってちがうの？ .. 64

Chapter 2. 中生代 Mesozoic

Mesozoic 中生代

Triassic 三畳紀
- 三畳紀の動物たち
  - 覇者は恐竜にあらず 66
  - 両生類だって負けていられない 67

Jurassic ジュラ紀
- ジュラ紀の動物たち
  - 巨大恐竜の時代 68
  - 世界最高峰の剣竜 70
  - 海の覇権を握ったクビナガリュウ類 72

Cretaceous 白亜紀
- 白亜紀の動物たち
  - 空へ（始祖鳥）74
  - 頂点を極めた恐竜 76
  - 海の覇者の"眷属" 78
  - ピー助！（クビナガリュウ類）80
  - 異常巻きアンモナイト 82

Chapter 3. 新生代 Cenozoic

Cenozoic 新生代

Paleogene 古第三紀
- 古第三紀の動物たち
  - もう一つの肉食哺乳類 86
  - 海に帰った哺乳類 88
  - 飛べない鳥類 89

Neogene 新第三紀
- 新第三紀の動物たち
  - サーベルタイガー 90
  - かぎ爪をもつ絶滅奇蹄類 92
  - 謎の絶滅哺乳類 93

Quaternary 第四紀
- 第四紀の動物たち
  - 恐竜ではありません 94
  - 寒冷地仕様 96

Chapter 4. 古生物と人々 Prehistoric life and people

古生物な人々
- メアリー・アニング 女化石ハンター 98
- コープとマーシュ 骨戦争の主役たち 99
- チャールズ・ウォルコット カンブリア動物化石を家族で採掘 100
- バーナム・ブラウン ティラノサウルスをハントした男 101
- アーサー・ホームズ 地球の年齢を決めた男 102

プロ×プロ対談
- 古生物界のソボクな疑問 103

この本で紹介した化石の所蔵博物館ガイド...107
種名索引 109
参考文献 110

"化石めぐりの旅"の前に

　化石が好きです。
　眼の前にある標本は、はるか太古の時代の生物が残したもの。ときにそれは、私たちの想像を超えるような姿形をしています。そんな化石を見るたびに、言いようのない高揚感を感じます。ドキドキ、ワクワク。この化石を残した生物はいったいどのように暮らしていたのだろう？　どのような進化の道筋をたどれば、こんな生物が生まれるのだろう？　そして、なぜ、滅んでしまったのだろう？
　こうした疑問を推理小説を楽しむように紐解いていく。人によっては、この楽しみを「浪漫」と呼びます。そんな古生物学が大好きです。
　この本では合計77個の化石標本、復元標本を時代順に収録しています。6億年以上前の不可思議生物にはじまり、モンスターのような無脊椎動物や恐竜以前の地上の主役、そして恐竜にマンモス！
　本書では、標本をまず見て、楽しんでください。ページをめくる前に、じっくりと、なめるようにご覧頂くことをおすすめします。
　そして、太古の生物に思いを馳せてみましょう。みなさんの"旅"のお邪魔にならぬよう、各標本の解説を少なめにしました。一方で、ちょっとした道案内としての「標本の見所」も記しました。諸々、産業技術総合研究所地質標本館の芝原暁彦さんにご協力頂いております。
　みなさま、化石めぐりの誌上の旅をお楽しみください。
　本書では、国内外の多くの博物館のご協力を頂いております。とくに国内所蔵の標本に関しては、ぜひ、本書を片手に実際に訪ねてみてください。きっと今までとはちがった視点で、化石を楽しむことができると思います。
　化石が好きな私たちの世界を、ちょっとのぞいて、そして楽しんで頂ければ幸いです。

2016年9月
サイエンスライター
土屋 健

Precambrian	Paleozoic						
先カンブリア時代	古生代						
	5億4100万年前	4億8500万年前	4億4400万年前	4億1900万年前	3億5900万年前	2億9900万年前	2億5200万年前
	Cambrian	Ordovician	Silurian	Devonian	Carboniferous	Permian	
	カンブリア紀	オルドビス紀	シルル紀	デボン紀	石炭紀	ペルム紀	

1

先カンブリア時代末と
古生代

Precambrian and Paleozoic

五つ眼モンスター

頭にフォーク

エレガント！

ゴツゴツの迫力フェイス

シャキーンとしてキラーン

頰を張る重量級

眼がビヨ〜ン

帆で体温コントロール

ちぐはぐ

尾部がセクシー！？

愛らしいトゲトゲ

古生代最大最強のサカナ！

Precambrian

先カンブリア時代の動物たち

　地球の歴史には、「先カンブリア時代」と呼ばれる時期がある。文字通り「カンブリア紀よりも先の（前の）時代」だ。地球史46億年の中で、先カンブリア時代は最初の約40億年間を占めている。

　先カンブリア時代にできた地層からは、ほとんど化石が見つからない。化石がない、つまり、生命の痕跡がほとんどなく、"物語"を紡ぐことが難しい。そのために、約40億という長大な歳月が、ざっくりと「先カンブリア時代」とまとめられてきたのである。

　しかし、実際にはこの時代にも生命は進化を続けていた。顕微鏡でやっと見えるようなサイズからスタートし、35億年以上の歳月をかけて命をつなげてきた。そして先カンブリア時代最末期、約6億3500万年前にはじまる「エディアカラ紀」という時代に、突如として生命は大型化を遂げる。数cm、数十cmという目に見えるサイズの生物が世界中の海に出現したのだ。この生物たちは、「エディアカラ生物群」と呼ばれている。

不可思議生物の時代

眼がない、脚がない、頭はいったいどこだ？

ディッキンソニア
Dickinsonia

ちぐはぐ

分類：？　化石産地：ロシア

ウクライナやオーストラリアでも化石が発見されている。エディアカラ紀最大級の生物。

ロシアで発見された化石のレプリカです。エディアカラ生物群の化石は、地層に"プリント"された痕跡として残ります。いわゆる「雌型」です。本来のからだはこの化石とは、凹凸が逆になります。標本長16cm。
（Photo：オフィス ジオパレオント）

節 構造をよく見ると、中軸線を境に半個分だけずれています。こんなちぐはぐな生物は、カンブリア紀以降では確認されていません。

120度ごとに同じ
トリブラキディウム
Tribrachidium

分類：？　化石産地：ロシア

エディアカラ生物群の一つ。「卍」の字に似た構造が中心にある。

ロシアで発見された化石のレプリカです。「卍」の字に似た構造が中心から外に向かってのびています。ただし、その構造は3本だけで、120度ごとに繰り返しています。標本長径4cm。
(Photo：オフィス ジオパレオント)

3本だけの"卍構造"は、「3回対称」と呼ばれるものです。この構造のもち主も、カンブリア紀以降には確認されていません。不思議。

古生代 Paleozoic
中生代 Mesozoic
新生代 Cenozoic

「左右対称」という特徴は、カンブリア紀以降の生物の主流です。その先駆者という見方もありますが、異論もあります。

つぶれた「T字」?
パルヴァンコリナ
Parvancorina

分類：？　化石産地：ロシア

エディアカラ生物群の一つ。「T字型」の構造が目印。

一見すると左右対称に見えなくもありませんが、なぜか本種の化石はこの標本のようにひしゃげているものばかりです。
(Photo：オフィス ジオパレオント)

タコ・イカ・アサリの仲間?
キンベレラ
Kimberella

分類：軟体動物　化石産地：ロシア

エディアカラ生物群としては珍しく、「軟体動物」という分類がなされている。

凹みの周囲を囲む細かな構造は、軟体動物の「外套膜」ではないか、と考えられています。

上：ロシアで発見された化石のレプリカです。雌型なので、この標本で中央部が大きく凹んでいるということは、実際には膨らんでいたことを示します。標本長径4cm。
下：珍しく「横向き」に保存された化石。
(Photo：オフィス ジオパレオント & ふぉっしる)

Cambrian
カンブリア紀の動物たち

　今から約5億4100万年前に先カンブリア時代が終焉し、古生代の幕が開けた。2億8900万年間にわたって続くこの時代は、6つの「紀」に分割されている。その最初の紀が「カンブリア紀」だ。

　カンブリア紀は約5億4100万年前にはじまり、約4億8500万年前まで続いた。カンブリア紀以降にできた地層からは、エディアカラ紀までの地層と比べて多くの化石が発見されるようになる。

　とくにカンブリア紀の半ば、約5億2000万年前以降の地層からは、現在の動物グループとほぼ同じ動物群の化石が発見されている。約5億2000万年前、動物たちは突如として化石に残りやすくなったのだ。そして、エディアカラ紀の生物とは異なり、カンブリア紀に出現した動物たちは、眼をもつものも、肢をもつものも、歯をもつものもいた。「カンブリア爆発」と呼ばれる大進化である。

カンブリアン・エクスプロージョン

そして、現在の動物たちへの道が見えた

先端にご注目ください。トゲが触手の内側だけではなく、外側にも並んでいることに気づくでしょう。こうした微細構造が保存されているのも、この産地の化石の特徴です。

触手の内側に鋭いトゲが並んでいます。一見しただけでも、獲物をガッシリと捕獲することができたと推察できます。

アノマロカリス類のトレードマークともいうべき触手（大付属肢）部分の化石。標本長10cm前後。
(Photo：With permission of the Royal Ontario Museum, Parks Canada and Geological Survey Canada © ROM)

カンブリア紀最強

アノマロカリス
Anomalocaris

分類：節足動物　　化石産地：カナダ

ほとんどの動物のサイズが数cm〜数十cmという時代に、全長1mという圧倒的な巨体をもっていた動物。

両脇に並ぶひれ、そして、尾部のフィンまで確認できます。まさに"全身"です。

頭部両端にぽっこりと見えるこの部分は、「眼」。アノマロカリス類の眼は、とても優れていたと考えられています。

触手部分

数多く発見されているアノマロカリス・カナデンシスの化石の中で、「最も完全な標本」です。アノマロカリスの復元像は、こうした良質な標本を組み合わせてつくられています。
（Photo：With permission of the Royal Ontario Museum, Parks Canada and Geological Survey Canada © ROM）

13

五つ眼モンスター
オパビニア
Opabinia

分類：節足動物　化石産地：カナダ

五つの眼とノズル状の吻部をもつ動物。アノマロカリス類に近縁な節足動物とみられている。

五つの眼がはっきりと確認できます。また、腹側に大きく曲がった吻部は、ゾウの鼻を思わせます。

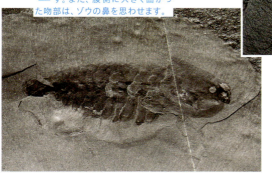

オパビニアといえば、この「USNM 57683」標本といっても過言ではないでしょう。吻部、眼、ひれなどの全身の特徴がよくわかる良い標本です。

上：最も有名なオパビニア標本、「USNM 57683」のレプリカです。標本長7.2cm。真横からつぶされています。(Photo：オフィス ジオパレオント)
左：吻部を腹側に折り曲げた標本です。標本長10cm。(Photo：With permission of the Royal Ontario Museum, Parks Canada and Geological Survey Canada © ROM)

バージェス頁岩の化石は、光を反射してよく輝きます。そのため、傾けて眺めるとその構造がよくわかります。

シャキーンとしてキラーン
マルレラ
Marrella

分類：節足動物マーレロモルフ類　化石産地：カナダ

カナダ（バージェス頁岩）の発掘地において最も化石が多産する動物。しかし、なぜか他の同時代の産地ではほとんど発見されていない。"ツノ"の部分は、遊色（構造色）を放っていたとみられている。

背側からつぶされた標本。肋骨のように並ぶ節構造が見てとれます。そのゴツゴツさが、何とも悩ましい。標本長1.2cm。
(Photo：オフィス ジオパレオント)

カンブリア紀の大型三葉虫
∨
パラドキシデス
Paradoxides

分類：節足動物三葉虫類　化石産地：チェコ

ほとんどの三葉虫のサイズが10cm以下という時代に、20cm近い全長をもつ。

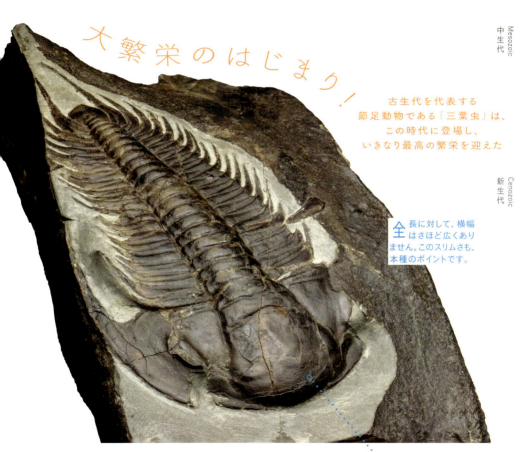

大繁栄のはじまり！

古生代を代表する節足動物である「三葉虫」は、この時代に登場し、いきなり最高の繁栄を迎えた

全長に対して、横幅はさほど広くありません。このスリムさも、本種のポイントです。

ほぼ全身が確認できる美麗な標本。産地であるチェコは、古くから三葉虫などの古生物学の研究が行われてきた地域です。
（Photo：オフィス ジオパレオント）

頭部中央が愛らしくささやかに丸みを帯びています。「頭鞍部（glabella）」と呼ばれるこの丸みの下には、三葉虫の内臓があったとみられています。頭鞍部の形を見比べるのも三葉虫観察の楽しみの一つです。

ザカントイデス

トゲいろいろ

Zacanthoides

分類：節足動物三葉虫類　化石産地：アメリカ

三葉虫のなかには、さまざまなトゲをもつものが少なくない。
ザカントイデス属に分類される各種も、そうした「トゲトゲな三葉虫」だ。
トゲの長短、太細など、同じザカントイデス属の仲間でも種によってさまざまである。

頬 トゲ（genal spine）」が太く長い。まるで、少女のポニーテールのようです。

全 体的にコンパクトによくまとまっている標本です。

シ ャープな姿の標本。頭部先端のへら構造をはっきり確認できます。この構造が何の役に立っていたのか？ 明確な答えは出ていません。

背 の中心軸に小さなトゲが並んでいます。こうした壊れやすい構造が綺麗に掘り出されていると、高度な職人技にため息を禁じ得ません。

左上：ザカントイデス・ティピカリス　*Zacanthoides typicaris*　標本長3cm。
右上：ザカントイデス・アイダホエンシス　*Zacanthoides idahoensis*　標本長2.5cm。
左下：ザカントイデス・グラバウイ　*Zacanthoides grabaui*　標本長4.5cm。
右下：ザカントイデス・アイダホエンシス　*Zacanthoides idahoensis*　標本長2.5cm。

（Photo：オフィス ジオパレオント）

おたふく？
ピアチェラ
Peachella

分類：節足動物三葉虫類　　化石産地：アメリカ

頬トゲをもたず、かわりにまるでおたふくのように頭部の両サイドが膨らんでいる。

多種多様な三葉虫の中でも、おたふく状の膨らみをもつ本種はかなり稀有です。トゲであれば防御に役立つと想像できますが、この膨らみが何の役に立ったのか？　謎は深まるばかりです。

頭部だけが化石に残ることも多い本種において、珍しい完全な標本です。標本長3cm。
（Photo：オフィス ジオパレオント）

古生代 Paleozoic
中生代 Mesozoic
新生代 Cenozoic

尾部がセクシー！？
メテオラスピス
Meteoraspis

分類：節足動物三葉虫類　　化石産地：アメリカ

からだの節の数が多く、全般的に平たい。カンブリア紀の三葉虫の典型ともいえる姿だ。

コンパクトにまとまりながらも、尾部にはまるで鬼のツノのような太いトゲがちょこんと2本。こんな些細な特徴に色気を感じてしまったら、あなたは完全に"こちら側の人間"です（^^）。

典型的な姿をしているけれども、実は希少種。標本長4cm。
（Photo：オフィス ジオパレオント）

世界で最も有名な三葉虫
エルラシア
Elrathia

分類：節足動物三葉虫類　　化石産地：アメリカ

アメリカのユタ州では、本種の化石が数十万個体発見されており、世界中のミュージアムショップで販売されている。おそらく最も市場流通し、最も知られる三葉虫だろう。

小判のような姿。目立ったトゲもなく、凹凸も少ない。個体数も多く、一般的な三葉虫のイメージのもとになっているといえるでしょう。

1cmに満たない個体が多い中、本標本は全長3.5cmと大きめです。
（Photo：オフィス ジオパレオント）

Ordovician

オルドビス紀の動物たち

　古生代第2の時代である「オルドビス紀」は、約4億8500万年前にはじまった。この時代になると、海底環境に変化が生じた。コケムシや海綿、床板サンゴといった"骨格生物"によって、海底の地形が複雑化したのだ。

　この「複雑化」は、そのまま生息環境の多様化につながっていく。その結果、さまざまな"舞台"にあわせて、生物種が増えていく。カンブリア紀は「化石に残る動物が増えた時代」だった。それは、正確に書くならば「化石に残る"動物グループ"が増えた時代」だ。そして、その次代にあたるオルドビス紀は、それぞれの動物グループの中で多様化が進んだ時代といえる。

　そして、三葉虫の時代でもある。カンブリア紀とオルドビス紀では三葉虫の種数に大きな変化はないものの、平面的でどこか似通ったものばかりだったカンブリア紀とは異なり、オルドビス紀の三葉虫はその形が多種多様に変化したのだ。

ハイ・パフォーマンス・スイマー
ハイポディクラノータス
Hypodicranotus

分類：節足動物三葉虫類　　化石産地：アメリカ

まるで戦闘機のような姿のこの三葉虫は、優れた"遊泳性能"をもっていたことが、
2012年発表の研究によって示唆されている。
オルドビス紀以降の三葉虫には、こうした生態を推理できるものも少なくない。

帯状の眼は、前後左右360度を見渡すことができます。その視界の広さも本種の特徴の一つです。

完全体の標本は、極めてまれ。それだけに、この標本の美しさが光ります。
(Photo：Harvard University Museum of Comparative Zoology)

まるっとした頭鞍部は、まるで『鉄腕アトム』に登場するお茶の水博士のようです。

お茶の水博士?

スファエロコリフ
Sphaerocoryphe

分類：節足動物三葉虫類　化石産地：アメリカ

「頭鞍部」と呼ばれる頭部の中央が大きく膨らんだ三葉虫。この頭鞍部の下には内臓器官があったと考えられている。その部分が大きかったということは……さて？

多少のつぶれはあるものの、全身が確認できる実に良質な標本です。頭鞍部のつけ根にある眼もはっきりと確認できます。標本長1.6cm。
（Photo：オフィス ジオパレオント）

立体的になった三葉虫

セラウルス
Ceraurus

分類：節足動物三葉虫類　化石産地：アメリカ

アメリカにいくつかある著名産地の一つ、ニューヨーク州のWalcott-Rust Quarryで産出した三葉虫。カンブリア紀の三葉虫と比べると構造が立体的で"力強く"なっている。

そして、彼らは空前の繁栄を手に入れた

スペシャルな三葉虫へ

古生代 / 中生代 / 新生代
Paleozoic / Mesozoic / Cenozoic

本種は標本長3cm以下の小型のものが大半です。しかし、この標本は4.5cmもの大きさを誇ります。はっきりとわかる凹凸は、保存の良さと、掘り出す職人の腕の良さを物語っています。
（Photo：オフィス ジオパレオント）

尾部からのびるトゲの1本が途中でなくなっています。なぜ、なくなったのか？　化石となる過程なのか、それとも生きているときなのか。その謎をあれこれと推理するのも化石を楽しむ醍醐味の一つです。

泳ぐ！ 泳ぐ！！ 泳ぐ！！！
レモプリウリデス
Remopleurides

分類：節足動物三葉虫類　化石産地：ロシア

ロシア西部、サンクトペテルブルク周辺は、三葉虫化石の多産地帯である。帯状の眼をもつ細身のからだが特徴だ。

尾部のつけ根からのびる小さなトゲも本種の特徴の一つです。遊泳種である本種において、このトゲは"舵"の役割を果たしたのではないか、という指摘もあります。

尾部が丸まっているものの、その他はよくのびた標本です。標本長1.9cm。
(Photo：Saint-Petersburg Paleontological Laboratory)

３本のトゲを振り乱す
ニエズコウスキア
Nieszkowskia

分類：節足動物三葉虫類　化石産地：ロシア

ロシア産の三葉虫の中でも、希少度の高い種である。頭鞍部と頭部のつけ根から計3本のトゲがのびるほか、尾部の先端近くからも幅広のトゲがのびる。

大きな図体にもかかわらず、眼はとても愛らしいサイズとなっています。この"ギャップ"も、本種の特徴の一つです。

殻の表面の質感までわかる標本です。この質感が生理的に苦手な人もいるようなので、このページをご覧になられる際は、隣の方の視線にご注意を。標本長8.5cm。
(Photo：Saint-Petersburg Paleontological Laboratory)

眼がビヨ～ン
アサフス・コワレウスキー
Asaphus kowalewskii

分類：節足動物三葉虫類　化石産地：ロシア

アサフス類は、オルドビス紀に世界中で繁栄した。
アサフス類には多くの種がいるが、なかでも本種は"異彩"を放つ。
まるでカタツムリのように眼軸がのび、その先端に眼があるのだ。

本種はやはり眼がポイント。眼軸の先にちょこんとついた眼は何を見ていたのでしょうか。海底下に本体を隠し、眼だけを水中に出して周囲をサーチしていた……とも言われることがありますが、さて？

Paleozoic 古生代
Mesozoic 中生代
Cenozoic 新生代

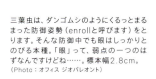

まっすぐのびた眼が特徴の本種。「カタツムリのように」と書きましたが、カタツムリとは異なってこの眼の軸は、からだと同じ硬組織でできているので曲がりません。標本長6.5cm。
（Photo：オフィス ジオパレオント）

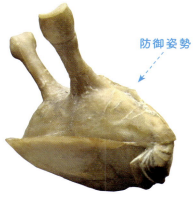

防御姿勢 →

三葉虫は、ダンゴムシのようにくるっとまるまった防御姿勢（enrollと呼びます）をとります。そんな防御中でも眼はしっかりとのびる本種。「眼」って、弱点の一つのはずなんですけどね……。標本幅2.8cm。
（Photo：オフィス ジオパレオント）

オルドビス紀の"優美なトゲ"

ボエダスピス
Boedaspis

分類：節足動物三葉虫類　化石産地：ロシア

ロシアの超希少種である。
頭鞍部からは2本の鋭く長いトゲが後方に向かってのび、頭部のつけ根からも同様の長いトゲがのびる。
胸部の側面に並ぶトゲは、長短交互になっており、ともに後ろのトゲほど長くなる。
こうした"トゲトゲ三葉虫"は、魚類が台頭するデボン紀以降に多くなる。この時代では珍しい存在だ。

本種やその仲間は、表面がかなりのブツブツ感。ハイポディクラノータスやレモプリウリデスなどの遊泳種はもとより、アサフスにも確認できない独特なものです。何のためのブツブツなのかは、よくわかっていません。

上：しなやかに曲がる姿勢をとった標本です。まるで生きているかのような躍動感を感じます。標本幅9.3cm。
下：ボエダスピスの別標本を正面から見たもの。立体的な構造がよくわかります。こうした構造は、オルドビス紀以降の三葉虫類に多くなるものです。
（Photo：Saint-Petersburg Paleontological Laboratory）

オバケの出来損ない？
フルカ・ボヘミカ
Furca bohemica

分類：節足動物マーレロモルフ類　　化石産地：チェコ

「マーレロモルフ類」は、カンブリア紀のマルレラを代表とする絶滅節足動物のグループだ。マルレラ以外にも本種、そしてデボン紀にもその系譜に連なる種が存在する。なお、産地であるチェコのボヘミア地方は、古くから知られる世界的な化石産地の一つ。

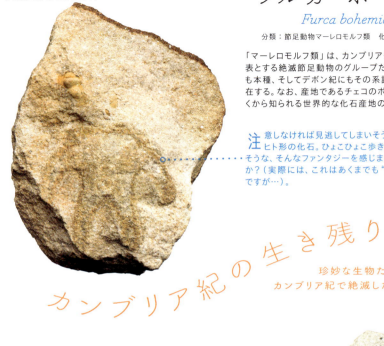

まるでオバケの出来損ないのような、ヒト型の化石がわかるでしょうか？ これは二足歩行をしていたというわけではなく、節足動物の背側であるとみられています。標本長2cm。
（Photo：オフィス ジオパレオント）

注 意しなければ見逃してしまいそうな、ヒト形の化石。ひょこひょこ歩き出しそうな、そんなファンタジーを感じませんか？（実際には、これはあくまでも"背"ですが…）。

カンブリア紀の生き残り

珍妙な生物たちは、カンブリア紀で絶滅したわけではない

モロッコのフルカ
フルカ・マウリタニカ
Furca mauretanica

分類：節足動物マーレロモルフ類　　化石産地：モロッコ

近年、モロッコでオルドビス紀の良い化石の出る地層が新たに"開拓"され、注目されている。そこでは本種のフルカ、マーレロモルフ類の化石も多数みつかっている。新たに記憶すべき、その地層名は「Fezouata層」だ。

ま ず、この標本の画像から距離をおいて眺めてみてください。どうです？ なるほど、チェコのフルカ（上記）とよく似ている、とお思いになりませんか？ そして目を近づけてみるとびっくり、そのトゲトゲな構造をご堪能ください。

凄まじくよく保存されたモロッコのフルカです。触角と思しき構造まで確認できます。標本長6.5cm。
〔Photo：www.trilobiti.com〕

Silurian

シルル紀の動物たち

　古生代第3の時代である「シルル紀」は、"温暖化に伴う生態系の回復"ではじまる。前の時代であるオルドビス紀の末に強烈な寒冷化とそれに伴う大量絶滅が発生した。その絶滅の規模は、「ビッグ・ファイブ」といわれる五大大量絶滅事件の最初の一つに数えられるほどで、このとき地球の生態系は大きなダメージを受けている。とくに三葉虫類は数を大きく減らした。三葉虫類は、その後2億年以上も命脈を保つものの、カンブリア紀やオルドビス紀の隆盛を再び勝ち取ることはできなかった。

　その大量絶滅事件からの回復を見せたのが、シルル紀だ。気候は温暖で海水面は上昇し、世界各地の大陸の縁辺部が水没した。その結果として、広くて暖かい遠浅の海が各地に誕生した。その浅海こそが、復活中の生命にとって、格好の舞台となった。約4億4400万年前にはじまったシルル紀は、2500万年間にわたって続いた。

この標本の愛らしさを出しているのは、なんともいえない頬の"トゲ"でしょう。標本をよく見ると、その頬トゲの上にも顆粒状構造が！素晴らしい保存状態といえます。

キュートな頬が特徴

ディクラノペルティス
Dicranopeltis

分類：節足動物三葉虫類　化石産地：アメリカ

アメリカの超希少種である。頭部の両側面からのびる、先端の丸まった"トゲ"と広い尾部が特徴だ。全身を小さな粒が覆っている。この顆粒状の粒に関しては、天敵である頭足類の触手をくっつきにくくする役割があったとされる。

全身に顆粒状の構造が確認できます。10cm未満が多い三葉虫の中で、その大きさは標本長14cmに達します。
（Photo：オフィス ジオパレオント）

幅の広い尾部は、ディクラノペルティスや本種などの仲間に共通する特徴です。本種は尾部だけではなく全身の幅が広くなっています。その存在感は、他を圧倒するものがあります。

古生代 Paleozoic

中生代 Mesozoic

新生代 Cenozoic

幅広い！

アークティヌルス

Arctinurus

分類：節足動物三葉虫類　化石産地：アメリカ

ディクラノペルティスと同じ産地から見つかる三葉虫。希少種ではあるが、ディクラノペルティスほど珍しいものではない（今のところ）。幅の広いからだと、頭部先端にちょこんと突き出たヘラ構造が特徴である。

生き残りの三葉虫

その進化は
まだまだ続いていく

超希少種の超高品質標本。そもそも本種そのものが珍しい存在ですが、全身が綺麗に残っているという点でもさらに珍奇といえます。標本長5cm。
（Photo：オフィス ジオパレオント）

多様な肢

ミクソプテルス
Mixopterus

分類：節足動物鋏角類ウミサソリ類　化石産地：アメリカ

ウミサソリ類は、サソリ類に近縁の絶滅グループだ。
その名が示すように海を舞台として繁栄し、魚類が台頭する前まで海洋生態系の上位に君臨したとされる。
本種は、そんなウミサソリ類の代表種ともいえる存在。

わずかにカーブを描く「尾剣」が、本種の秀麗な姿を飾り立てる良いアクセントになっています。ウミサソリ類においては、種によってその形状が異なります。現生サソリのように毒があったのか否かは不明です。

レプリカですが、特徴をよくおさえてつくられています。標本長70cm。魚類の大半が数cm〜十数cmだった時代に、このサイズは圧倒的でした。
（Photo：オフィス ジオパレオント）

実に多様な肢を確認できます。獲物を捕らえるための長い肢。その獲物を口に運び、保持するための短い肢。歩行用の肢。泳ぐ際に便利なパドル状の肢。こうした多様な肢がはっきりとわかることが、本種の魅力の一つです。

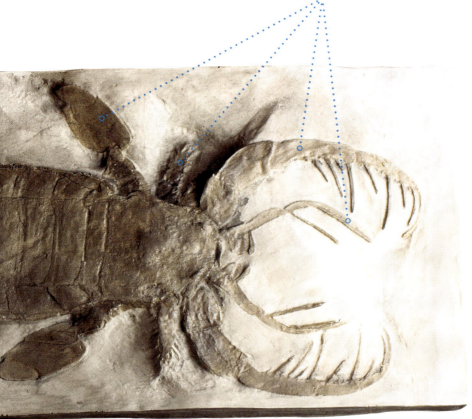

"最強"の海洋節足動物

魚類の本格台頭前に繁栄した
ウミサソリたち

プテリゴトゥス
Pteygotus macrophthalmus

分類：節足動物鋏角類ウミサソリ類　化石産地：アメリカ

ウミサソリ類の中には、「進化型」と呼ばれる一群がいた。
その代表格ともいえるのが、プテリゴトゥスの仲間。
最大の特徴は、尾の先端。ミクソプテルスたちのように"剣"になっておらず、うちわのように幅広い。
本種は、プテリゴトゥスの中でも大型種として知られ、全長は2mを超える。
なお、本種は「アクチラムス（*Acutiramus*）」と呼ばれることもある。

ウミサソリとサソリ

現生のサソリ類ととてもよく似ているウミサソリ類。しかし両者は明確な別グループとしてあつかわれます。いったいどこにちがいがあるのでしょう？
プテリゴトゥスの大きなハサミのある肢ことを「鋏角」と呼びます。ウミサソリ類では鋏角は最も先頭の肢の1組、すなわち第1付属肢です。一方、サソリ類の鋏角は第2付属肢で、口先に小さくついています。サソリ類の大きなハサミは、鋏角とは別なのです。

うちわのような尾部先端部。ここには垂直な板があったとみられています。そう、まるで航空機の「垂直尾翼」のように。水中における姿勢安定に役立ったとみられています。

カナダ、ロイヤル・オンタリオ博物館が所蔵する標本長2.4mの標本です。頭部や尾部などが分離しているものの、ほぼ全身を確認できます。
(Photo: With permission of the Royal Ontario Museum, Parks Canada and Geological Survey Canada © ROM)

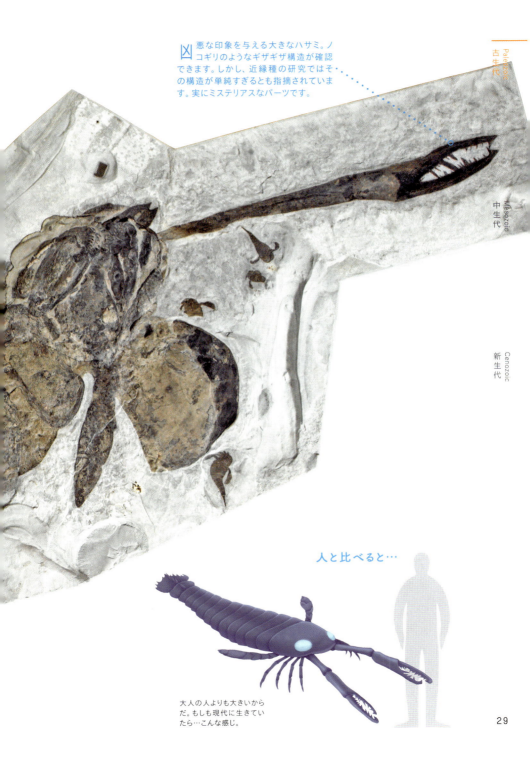

凶 悪な印象を与える大きなハサミ。ノコギリのようなギザギザ構造が確認できます。しかし、近縁種の研究ではその構造が単純すぎるとも指摘されています。実にミステリアスなパーツです。

古生代 Paleozoic

中生代 Mesozoic

新生代 Cenozoic

人と比べると…

大人の人よりも大きいからだ。もしも現代に生きていたら…こんな感じ。

29

Devonian

デボン紀の動物たち

　今から約4億1900万年前、古生代第4の時代である「デボン紀」が開幕した。6つの地質時代からなる古生代の折り返し地点にあたる。

　気候はシルル紀から続く温暖化の中でスタートするものの、その後しだいに寒冷化し、そして末期にむけて再び暖かくなるという変化をたどる。約3億7200万年前頃には、「ビッグ・ファイブ」の二つ目となる大量絶滅事件が発生した。

　魚類が海洋生態系の頂点に君臨した時代であり、その勢いのままに脊椎動物が上陸を果たした時代でもある。誤解を恐れずに書いてしまえば、生命史という舞台の主役の座を脊椎動物が奪取した。そのターニングポイントともいえる時代だ。

　そんな話題のつきないデボン紀について、本書では三つの視点に注目したい。一つは、カンブリア紀から連綿と命脈を保ってきた動物群の"最後の姿"。二つは、徒花のように多様化した三葉虫。そして三つ目、脊椎動物の上陸への進化である。

"最後のアノマロカリス類"

シンダーハンネス

Schinderhannes

分類：節足動物アノマロカリス類　化石産地：ドイツ

カンブリア紀に栄えたアノマロカリス類。その命脈は、少なくともデボン紀まで残っていた。大きな眼と大きな触手、そして特徴的な口をもっていたことがわかっている。

　―見しただけではわかりにくいのですが、頭部先端付近に折り畳まれた大きな触手を確認できます。アノマロカリス類の"証"ともいえる特徴です。その触手からは内側に長いトゲがのびています。

→の大きな円構造は右眼とみられています。からだに似合わないような大きな眼もアノマロカリス類の特徴です。彼らは、その大きな眼で、何を見ていたのでしょうか？

ドイツのフンスリュックからは、保存状態の良い化石が多産します。この標本もその中の一つ。本種に関する論文が発表されたときは、アノマロカリス類がデボン紀にもいたとして、大きな驚きをもってむかえられたものです。
標本長10cm。
(Photo: Georg Oleschinski from the Steinmann Institute in Bonn)

からだの中央部はなんだかごちゃごちゃしていますが、6方向へのびるトゲのうちの4本と、ひと際長い2本の肢を確認することができます。標本幅約4cm。
（Photo：オフィス ジオパレオント）

4本確認できるトゲは、さらに左右に小さなトゲをもっています。とくに2本ではその残存が顕著。細部まで保存状態が良い標本です。

古生代 Paleozoic
中生代 Mesozoic
新生代 Cenozoic

トゲトゲ・マーレロモルフ
ミメタスター
Mimetaster

分類：節足動物マーレロモルフ類　化石産地：ドイツ

カンブリア紀のマルレラ、オルドビス紀のフルカの流れを汲む節足動物。背中に6方向にトゲがのびる板を背負っていた。

カンブリア爆発の生き残りたち

アノマロカリス類とマーレロモルフ類。その"最後の姿"

殻を背負ったマーレロモルフ
ヴァコニシア
Vachonisia

分類：節足動物マーレロモルフ類　化石産地：ドイツ

ミメタスターよりは、マルレラから"遠縁"のマーレロモルフ類。殻を背負う。ミメタスターよりもはるかに希少とされる。

マルレラとは遠縁とされるけれども、この肋骨のようにズラッと並ぶ節構造は、まさにマルレラ（14ページ）そのもの！

写真は腹側から見た標本。殻の形からその下の微細構造までとてもよく保存されています。
（Photo：Naturhistorisches Museum Mainz / Landessammlung für Naturkunde Rheinland-Pfalz）

古生代 Paleozoic

頭にフォーク
ワリセロプス・トリファーカトゥス
Walliserops trifurcatus

分類：節足動物三葉虫類　化石産地：モロッコ

先端が三つ又に分かれた"ツノ"をもつ。エルベノチレ（下記）と同じグループに属し、複眼を構成する個々のレンズが大きく、肉眼で確認できるサイズ。

レンズの大きな複眼。その残存度は化石の質の目安となります。

その特徴ゆえに、愛好家の間では「ロングフォーク」の愛称で知られています。標本長8cm。
(Photo：オフィス ジオパレオント)

母岩から化石を掘り出す際、まず母岩を割って中身を確認します。この「割れ」はそうした作業の名残りです。職人さんの苦労が偲ばれます。

中生代 Mesozoic

新生代 Cenozoic

三葉虫類

"複眼タワー"の最上部がちょっとだけ張り出しています。この張り出しは、庇の役割を果たしていたのではないか、と推察されています。

三葉虫の中には、肉眼で複眼のレンズを確認できるものがいます。その場合、レンズの残存度は保存の良さの指標となります。

複眼タワー
エルベノチレ
Erbenochile

分類：節足動物三葉虫類　化石産地：モロッコ

魚類の台頭に抵抗するかのように、デボン紀の三葉虫はその姿形を多様に変化させた。本種は、複眼のレンズがまるでタワーのように積み重なっている。

"複眼タワー"を構成するレンズがよく保存されている標本です。標本長5cm。
(Photo：オフィス ジオパレオント)

愛らしいトゲトゲ
アカンソピゲ・コンサングイニア
Acanthopyge consanguinea

分類：節足動物三葉虫類　化石産地：アメリカ

細かなトゲが並ぶ小型の三葉虫。シルル紀のアークティヌルスやディクラノペルティスなどと同じグループに属し、両種と同じように尾部が幅広である。また頭部には細かな顆粒状構造も発達する。

実寸サイズ

標本長1.4cmという"小柄な三葉虫"、かつて「Bug X」の愛称で知られていた希少種の標本です。キャラメル色の殻は、この産地から産出する三葉虫の特徴といえます。
(Photo：オフィス ジオパレオント)

古生代 Paleozoic
中生代 Mesozoic

小さな三葉虫にもかかわらず細部まで綺麗に削り出されています。1.4cmの芸術品です。

徒花(あだばな)を咲かす　　"最後"の多様化

エレガント！
ディクラヌルス・ハマタス・エレガンス
Dicranurus hamatus elegans

分類：節足動物三葉虫類　化石産地：アメリカ

"後頭部"に弧を描きながらのびる"ホーン"。そして、両サイドに並ぶ長いトゲ。デボン紀三葉虫の多様性を語る上で、本種は欠かせない。

ヒツジのツノのような構造。いったい何の役にたっていたのかは謎につつまれています。この標本は、アカンソピゲと同じ職人の仕事です。

新生代 Cenozoic

亜種名が示唆するように、何とも優美さを感じる種です。まっすぐのびているために形がよくわかります。標本長5.1cm。
(Photo：オフィス ジオパレオント)

ビッグなトゲトゲ

テラタスピス
Terataspis

分類：節足動物三葉虫類　化石産地：アメリカ

標本長60cm。三葉虫の世界では、桁外れに巨大な種である。
全身に大小のトゲが分布し、頭鞍部にはトゲで覆われたボール状の構造がある。
トゲをもつ三葉虫の中では最大種とされ、トゲをもたない三葉虫と比較しても、極めて大型である。

三葉虫の殻は、炭酸カルシウムでつくられています。現在の二枚貝の貝殻と同じ成分です。そんな成分でつくられた殻が60cmの大きさ……。相当な重さがあったと推測することができます。

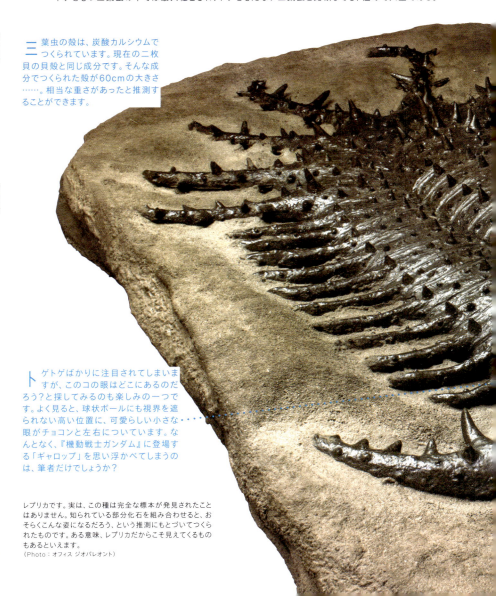

トゲトゲばかりに注目されてしまいますが、このコの眼はどこにあるのだろう？と探してみるのも楽しみの一つです。よく見ると、球状ボールにも視界を遮られない高い位置に、可愛らしい小さな眼がチョコンと左右についています。なんとなく、『機動戦士ガンダム』に登場する「ギャロップ」を思い浮かべてしまうのは、筆者だけでしょうか？

レプリカです。実は、この種は完全な標本が発見されたことはありません。知られている部分化石を組み合わせると、おそらくこんな姿になるだろう、という推測にもとづいてつくられたものです。ある意味、レプリカだからこそ見えてくるものもあるといえます。
（Photo：オフィス ジオパレオント）

三葉虫類のその後

カンブリア紀に登場してすぐに繁栄し、オルドビス紀までその栄華を誇った三葉虫類は、シルル紀以降は衰退し、そしてデボン紀には多様な形態を生み出しました。しかし、時代の変化にはついていけず、この後、三葉虫類はその多様性を失います。

デボン紀ののちの時代も1億年以上も三葉虫類の命脈は保たれましたが、デボン紀までのような派手な形態は出現しません。三葉虫が"主役を張る時代"は、デボン紀にて終わるのです。

トゲ付きのボール状構造となっているこの頭鞍部は、通常であれば下に重要な内臓器官があったとみられています。その部分が膨らんでいる！　いったいなぜ？　想像も膨らませてみるのも楽しみの一つです。

古生代最大最強のサカナ！

ダンクルオステウス

Dunkleosteus

分類：脊椎動物板皮類　化石産地：アメリカ

魚類はカンブリア紀には出現していたが、当初は顎をもたず、長い間、硬いものを噛むことができない"弱者"だった。サイズもせいぜい数十cmといったところだ。しかし、シルル紀に初めて顎をもつと、海の生物の階段を昇りはじめ、デボン紀になってその頂点に到達した。そんな"出世街道"の象徴ともいえるのが本種である。全長は8〜10mに達するとされ、その噛む力は古今東西の海洋動物で最も強いとされる。

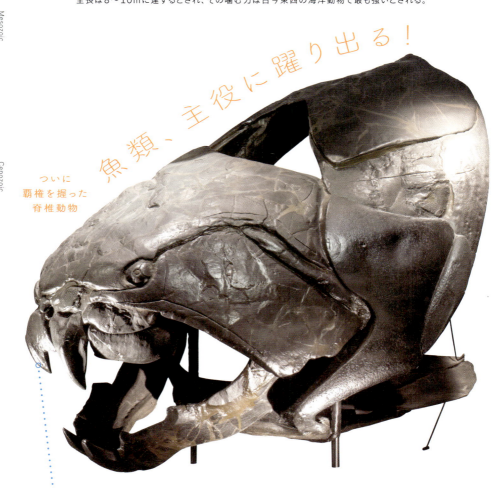

魚類、主役に躍り出る！

ついに覇権を握った脊椎動物

歯のように見える突起部分は、歯ではなく骨の板です。ただし、その内部組織は歯と類似しており、骨板の一部が硬くなっていました。

東京・上野の国立科学博物館に所蔵・展示されているレプリカです。頭部と胸部にあたります。この"骨の鎧"にちなみ、ダンクルオステウスやその仲間を「甲冑魚」と呼びます。
（Photo：安友康博／オフィス ジオパレオント）

初期のサメ

クラドセラケ
Cladoselache

分類：脊椎動物軟骨魚類サメ類　化石産地：アメリカ

現在の海洋生態系の覇者であるサメ類は、早くもデボン紀に登場していた。
その代表的な存在であるのが本種。各種のひれが発達し、優れた機動力をもっていたと指摘されている。
サメ類はその後、板皮類との競争に打ち勝って、海洋生態系に君臨するようになる。

発達した胸びれを見てとることができるでしょう。サメ類の恐ろしい機動力は、初期のサメ類であるクラドセラケにおいてすでに獲得されていたことがわかります。

群馬県立自然史博物館所蔵・展示のレプリカです。全身がよく再現されています。クラドセラケは、成長すると2mほどの大きさになります。全長約49cm。
（Photo：安友康博／オフィス ジオパレオント）

腕立て伏せをするサカナ

ティクターリク
Tiktaalik

分類：脊椎動物肉鰭類　　化石産地：カナダ

デボン紀には海で進化を遂げた脊椎動物が、陸上へと進出する。
その進化のステップの「鍵」ともいえる存在が、本種である。
首、肩、肘、手首、腰といった構造をもつ魚である。

眼が非常に高い位置にあることに気づかれたでしょうか？　この眼の位置こそが、本種を「まるでワニのように」見せている要因の一つでしょう。からだの大部分を水中に潜ませながら、眼だけを水面に出して周囲を探ることが可能でした。

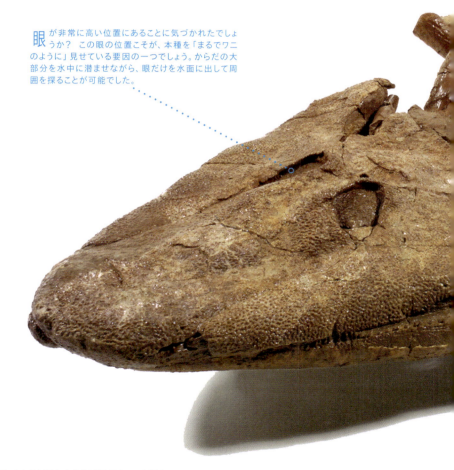

全長2.7mになる本種は、全体的に横に平たいつくりをしています。一見して、ワニのような印象さえもたせるこの魚類は、腕立て伏せができたことで知られます。すなわち、肩と肘、手首を動かすことが可能であり、浅瀬や干潟を動き回るのに役立ったと推察されています。
(Photo：T. Daeschler/VIREO)

そして、上陸

脊椎動物、ついに立つ!!

Paleozoic 古生代

Mesozoic 中生代

Cenozoic 新生代

Carboniferous

石炭紀の動物たち

　今から約3億5900万年前、古生代第5の時代である「石炭紀」が幕を開けた。この時代は6000万年間にわたって続く。

　地球上の諸大陸の集合が進み、石炭紀末までには唯一無二の超大陸「パンゲア」が完成した。この超大陸においては、じめっとした高湿度環境が海岸線を中心に広がり、植物の大繁栄を促すことになる。

　そうしてできた大森林の中で、昆虫類をはじめとする無脊椎動物や、上陸に成功したばかりの脊椎動物がその"勢力"を順調に拡大していくことになる。一方で、気候は寒冷化の道を歩んでいった。

　アメリカ、シカゴの郊外にあるメゾンクリークから、そんな時代の水棲動物の化石がたくさん見つかる。その化石群は、通常であれば化石として残らないようなやわらかい組織も保存されており、石炭紀という時代の生物相をのぞき見る格好の手がかりとなっている。本書では、メゾンクリーク産の三つの化石に注目してみよう。

サカナだったモンスター

ツリモンストラム
Tullimonstrum

分類：脊椎動物無顎類　化石産地：アメリカ

　尾びれをもった細長い胴体。その胴体から左右に突き出た眼。細く長くのびた吻部の先にはハサミのような構造がある。本種は、長い間、分類不明のため、「ターリーモンスター」と呼ばれてきた。しかし、2016年に発表された研究によって、魚類（無顎類）であることがわかった。

左右にのびる細い線。その先にうっすらと円形が確認できます。これは、眼軸とその先の眼であるとみられています。なんとも奇妙奇天烈な本種は、発見者の名前をとって「ターリーモンスター」とも呼ばれます。

ツリモンストラムは最大で40cmほどになります。写真は、豊橋市自然史博物館所蔵・展示の標本です。吻部の一部が欠けているものの、ほぼ全身が確認できます。
（Photo：安友康博／オフィス ジオパレオント）

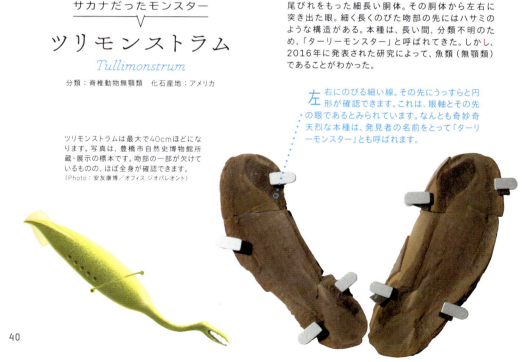

スカートひらひら
∨
エッセクセラ
Essexella

分類：刺胞動物　化石産地：アメリカ

化石に残りやすいのは硬組織。軟組織は化石に残りにくい。ましてやクラゲのような「全身やわらかい動物」が化石に残るのは極めてまれである。本種は、まさにそんなまれなクラゲの一種。

「ク ラゲでも化石に残る」というのが、メゾンクリークの素晴らしさ。このひらひらのスカートの中には、多数の触手があったとみられています。

エッセクセラは、最大で15cmほどになります。豊橋市自然史博物館所蔵・展示の標本です。
(Photo：安友康博／オフィス ジオパレオント)

Paleozoic 古生代
Mesozoic 中生代
Cenozoic 新生代

モンスターとクラゲたち

世界でもまれに見る保存の良さ

殺人クラゲにそっくり
∨
アンスラコメデューサ
Anthracomedusa

分類：刺胞動物類　化石産地：アメリカ

こちらもクラゲの化石。最大サイズが10cmほどになる種で、立方体に近い傘と、長い触手が特徴である。現在のインド洋などで暮らす「海のスズメバチ」こと「オーストラリアウンバチクラゲ」にそっくり。

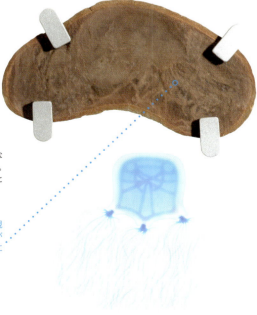

触手が1本単位で確認できるという素晴らしさ。現生のオーストラリアウンバチクラゲは、その異名が示すように猛毒をもっていますが、化石であれば仮に毒をもっていたとしても安心して触ることができます。

傘と触手が綺麗に残った標本。豊橋市自然史博物館の所蔵・展示です。
(Photo：安友康博／オフィス ジオパレオント)

Permian
ペルム紀の動物たち

　古生代最後の時代である「ペルム紀」は、約2億9900万年前にはじまり、約2億5200万年前まで続いた。

　唯一無二の超大陸パンゲアは、石炭紀末に完成した。大陸が一か所に集まっていたということは、海もまた一つに"まとまって"いたということである。この唯一無二の超海洋を「パンサラッサ」という。陸も海も一つしかない世界。それが、ペルム紀の地球である。

　気候は石炭紀から続く寒冷期で幕を開け、後期になると温暖期に転ずることになる。そして、ペルム紀末にはビッグ・ファイブの三つ目にあたり、そして最大規模の大量絶滅事件が勃発した。この大量絶滅事件によって、9割を超える海洋生物種が姿を消し、陸においても地域によっては7割を超える生物種が滅びを迎えた。カンブリア紀以降、連綿と紡がれてきた生命の物語は、このとき、事実上ほぼセットされるのだ。

世界中にいたパレイアサウルス類

　パレイアサウルス類の化石産地としては、ロシアのウラル地方と南アフリカがよく知られています。現在では両地域はとても離れています。そして、ペルム紀においても遠く離れていました。

　しかし当時は、すべての大陸が一続きだったのですから、彼らは歩いてその生息域を広げていくことができました。パレイアサウルス類の化石は、ニジェール、中国、ブラジルからも報告されています。当時、彼らはいたるところで暮らしていたのです。

東海大学自然史博物館が所蔵・展示する全身復元骨格です。標本長2.6m。
(Photo：安友康博／オフィス ジオパレオント)

　たっぷりと膨らんだ胴体は、この動物が大きな内臓をもっていたことを示唆しています。一般に植物食性の動物は、その消化に時間をかけるために長い腸をもちます。

ゴツゴツの迫力フェイス

スクトサウルス
Scutosaurus

分類：脊椎動物爬虫類パレイアサウルス類　化石産地：ロシア

ペルム紀になると、内陸で二つの脊椎動物グループが台頭した。その一つが爬虫類である。その中でもとくに大型化の傾向が見られたのが、パレイアサウルス類というグループ。スクトサウルスはその代表種で、全長は2mに達した。当時としては最大級のサイズである。

爬虫類、発展する

前恐竜時代の主役たち

迫力のゴツゴツ頭。頬骨が少し外に向かって張り出しており、本種の独特な"顔"をつくります。くし状の歯は、植物をすきとって食べていたことを示唆します。

43

頬を張る重量級

パレイアサウルス
Pareiasaurus

分類：脊椎動物爬虫類パレイアサウルス類　化石産地：ロシア

パレイアサウルスはスクトサウルスに近縁とされる爬虫類。

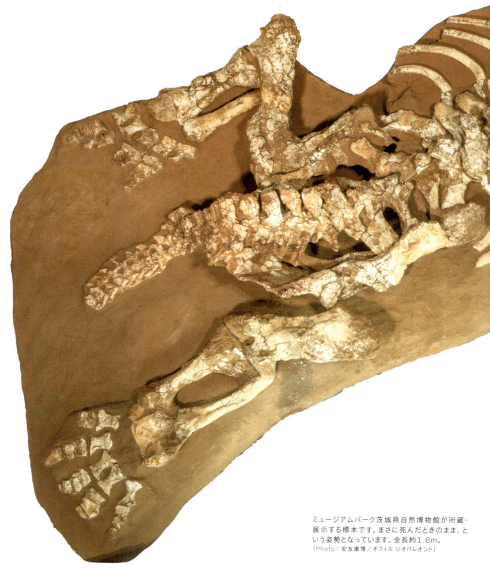

ミュージアムパーク茨城県自然博物館が所蔵・展示する標本です。まさに死んだときのまま、という姿勢となっています。全長約1.6m。
（Photo：安友康博／オフィス ジオパレオント）

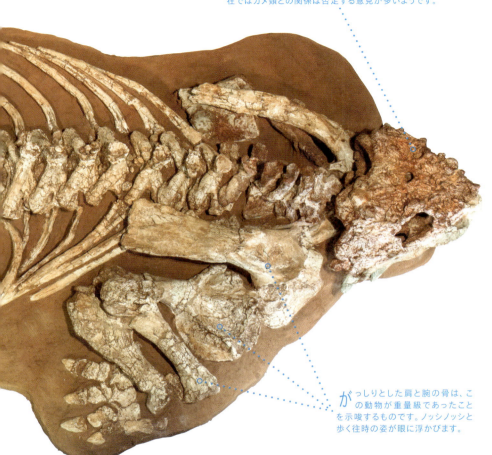

ゴツゴツ頭の頭骨には、大きな眼窩が目立ちます。この顔、どこかで見たことはありませんか？（もちろん43ページのスクトサウルス以外で）。カメに似ている！　そう思った方は鋭い。実際、かつてはパレイアサウルス類とカメ類の祖先・子孫関係が議論されたことがありました。ただし、現在ではカメ類との関係は否定する意見が多いようです。

がっしりとした肩と腕の骨は、この動物が重量級であったことを示唆するものです。ノッシノッシと歩く往時の姿が眼に浮かびます。

ペルム紀生態系を解明する鍵？

　大きな"不思議生物"を見ると、多くの方々が「あー、恐竜だ」と判断しがちですが、パレイアサウルス類は同じ爬虫類ではあっても、恐竜類と系統はつながっていません。
　そんなパレイアサウルス類ですが、植物食性ということで、いわば「生態ピラミッドの"中間的な存在"」といえます。そのため、当時の植生や、肉食動物との関係性を知るための重要な「鍵」となります。

帆で体温コントロール
ディメトロドン
Dimetrodon

分類：脊椎動物単弓類"盤竜類"　化石産地：アメリカ

単弓類は哺乳類の祖先を含むグループである。
ペルム紀において大いに繁栄し、とくに肉食種は陸上生態系の頂点に君臨したとされる。
本種はペルム紀前期の肉食単弓類の代表的な存在である。

群馬県立自然史博物館が所蔵・展示する標本です。背骨の一部を上方に向かって長くのばし、帆をつくっていました。この骨の内部に血液を通し、帆を日光にあてることで、早朝などに短時間で活動レベルまで体温を上げることができたとみられています。全長約2.3m。
（Photo：安友康博／オフィス ジオパレオント）

単弓類、覇権を握る！

前恐竜時代の陸上生態系を支配したのは、哺乳類の祖先を含むグループだった

大きな帆ばかりに目がいきがちですが、鋭い歯にも注目を。本種がまちがいなく獰猛な肉食動物であったことを物語っています。この写真では暗くてわかりにくいかもしれませんが、ぜひ、博物館の実物でご確認ください。

古生代最後の陸上覇者

イノストランケヴィア
Inostrancevia

分類：脊椎動物単弓類ゴルゴノプス類　化石産地：ロシア

ペルム紀後期になると、単弓類の中に「ゴルゴノプス類」というグループが出現する。鋭く長い牙をもった肉食動物たちで、長い四肢はディメトロドンよりも敏捷だったことを示唆している。

長い犬歯は13cm以上になります。ずっとのちの時代のネコの仲間に「サーベルタイガー」と呼ばれる動物が出現しますが、その特徴を先取りしたかのような、そんな獰猛さをこの犬歯に感じます。もしも、ペルム紀末の大量絶滅事件がなかったとしたら……。哺乳類に近縁な彼らがどのように進化を遂げたのかを想像するのは、楽しい「if物語」です。

佐野市葛生化石館が所蔵・展示する全身復元骨格の頭部です。標本長約3m。
(Photo：安友康博／オフィス ジオパレオント)

サメか、それともギンザメか

ヘリコプリオン
Helicoprion

分類：脊椎動物軟骨魚類　化石産地：不明

歯の化石だけが知られている魚類。
歯のもち主が何であるかについては、その復元とあわせて議論されてきた。
サメの仲間（板鰓類）か、ギンザメの仲間（全頭類）かで意見が対立するなか、
2013年に発表された研究では全頭類に位置づけられている。

↳の歯が、からだのどこに、どのようについていたのか？ 研究者は100年以上にわたって試行錯誤を繰り返してきました。このページの復元図は、2013年に発表された研究を参考にしたものですが、さて、あなたはどのように考えますか？

ぐるぐる歯

ペルム紀を代表する謎の化石

直径約20cmの螺旋をえがきながら、100個以上もの歯が並んでいます。電動丸ノコのように今にもギューンと回転しそうですが、おそらく高速回転をすることはなかったでしょう。
(Photo：Colin keates / Getty Images)

滅んだ我々が語っていきます

古生物トーク

特別対談！ ティラノサウルス×アノマロカリス

はじめに…そもそも化石って何？

いや、ほんと、すごい基本なんだけど、そもそも「化石」って何だろう？

なんで今さら？

たとえば、君は骨が化石に残るじゃん。オレはからだ全体が残る。この本の最初の方で紹介したのは、からだの「形」が化石として残ったもの。他にも足跡や巣穴も化石に残るっていうし……。

「石」に「化」ける……って書くわけだから、地層の中で石のように硬くなった生物やその痕跡のことを「化石」っていうんじゃない？

でも、「冷凍マンモス」ってあるじゃん。あれは化石じゃないの？他にも「虫入り琥珀」ってのも聞いたことがあるけれど……。

『古生物学事典』（朝倉書店）によると、「一般には、1万年より古い地層中に保存されたもの」だって。石のように硬い必要はないみたいよ。

> 化石とは、地質時代（一般には、1万年よりも古い時代）の生物の遺骸および古生物がつくった生活の痕跡が地層中に保存されたもののこと。
> （『古生物学事典 第2版』（朝倉書店）より）

すると、冷凍マンモスも、虫入り琥珀も「化石」でまちがいないわけだ。

ちょっと趣向を変えてみましょう。
ここでは、古生物や生命史に関わる六つの話題について、古生物の2大ヒーロー、ティラノサウルスさんとアノマロカリスさんにトークしてもらうことにします。
息抜き感覚で、お楽しみください。

古生物トーク

1
名前はどうやってつけられたのか

今や世の中からカンブリア紀の代表生物として知られているアノマロカリス。
この名前にはどんな意味が？
なぜアノマロカリスという名前になったのか？

ボクらの名前ってさあ、意味があるんだよね。ボクの「**ティラノサウルス**」は、「**ティラノ（Tyranno）**」の部分が「**暴君**」で、「**サウルス（saurus）**」は「**爬虫類**」とか「**トカゲ**」とか。ここから転じて「暴君竜」とか書かれることもある。

カッケー。その見た目にふさわしいじゃん！　いいなあ。

へへ。名づけてくれた、ヘンリー・オズボーンさんが、良いセンスをもっていたんだ。だって名づけたとき、まだ頭骨は部分的にしか見つかっていなかったんだよ。それなのにこの名前をつけた。先見の明、ってやつだね。

※ヘンリー・オズボーンは、19世紀後半から20世紀前半にかけて活躍したアメリカの古生物学者。アメリカ自然史博物館に所属し、化石収集のために世界各地に探検隊を派遣した。101ページも参照。

いいなあ。オレなんか、「**アノマロ（Anomalo）**」が「**奇妙**」、「**カリス（caris）**」が「**カニ**」とか「**エビ**」の意味だよ。「奇妙なエビ」っていわれることが多いかな。

奇妙なエビ？　君のどこがエビなのさ？

これこれ、この**触手部分**。ここだけが最初に発見されてね。まるでエビのお腹のように見えたから「**奇妙なエビ**」だよ。オレ、これでもカンブリア紀の最強生物とも言われているんだよね。なのに、「エビ」って……萎える。。。

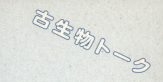

アノマロカリスの触手部分。
(Photo: With permission of the Royal Ontario Museum, Parks Canada and Geological Survey Canada © ROM)

オレ、たまに口が
キモいっていわれます…。

あっちゃー。やっちゃったね。名づけ親は、誰？　第4章、「古生物な人々」のコーナーで紹介されているチャールズ・ウォルコットさん？

いや、ヨセフ・ファイティーブスという人。オレってば、オパビニアやマルレラ（ともに14ページ）よりも10年以上前に見つかってたんだよね。触手だけ。で、この名前がつけられたのさ。

※ヨセフ・ファイティーブスは、1892年にアノマロカリスを報告したカナダの古生物学者。カナダ地質調査所に所属。当時のカナダでは、大陸横断鉄道の建設とそれにともなう地質調査が盛んだった。

触手だけ先にかあ。うーん、それならば仕方ないかなあ。たしかにエビに見えなくもないし。

ウォルコットさんはウォルコットさんで、オレの口の化石と胴体の化石にそれぞれ別の名前をつけたし。オレの**この姿がわかったのって、触手の発見から1世紀近く経ってからだった**んだ。ああ、でも、名前を変えたい！

ご愁傷さま。まあ、一度決められた名前は、よっぽどじゃないと変更できないらしいから。それに君も有名になったし。もう無理だと思うよ……。

古生物トーク

2 カンブリア爆発について、冷静に語る

「カンブリア爆発」と聞くと、カンブリア紀に動物の種類が爆発的に増えた！ というイメージ。
しかし、なぜカンブリア紀の地層からたくさんの化石が見つかっているのだろうか？

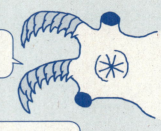

「カンブリア爆発」って、知ってる？
オレのいた時代の出来事なんだけど。

カンブリア爆発！？　聞いたことがあるよ。あれだよね。**カンブリア紀に、たくさんの動物が、いっきに出現したという大事件。**「動物の歴史、ここからはじまる！」って、感じ。

そう。でも、それは半分正解で、半分ははずれ。

まさかの50点！？

正確にいうと、**カンブリア紀の地層から生物の「化石」がたくさん残るようになった**んだ。

え？　「たくさんの動物が出現した」というのと、「化石がたくさん残るようになった」って、どこがちがうの？

カンブリア紀に生物が化石に残りやすくなったんだよ。基本的に、殻とか骨とか、そういう硬いものの方が化石に残りやすい。君だって、化石に残るのは骨ばかりでしょ？　ティラノサウルスの心臓とか、目玉とか、そういうのは化石で見つかっていないじゃん。**カンブリア紀に生物が化石に残りやすくなったのは、殻や骨などの硬い組織が発達したから。それよりも前に、殻や骨をもたない祖先はいた**んだよ。今は、そういう考えが主流かな。

あ！ そういえば、この本の最初の方で、「エディアカラ生物群」だっけ？ "痕跡の化石"があったね。カンブリア爆発よりも前の生物はあんな感じかあ。でも、どうして、殻や骨をもつようになったのかな？

「眼をもつようになった」ことがきっかけ、っていわれているんだ。

Eye？

眼があると、獲物の位置、弱点とかがわかる。すると、そこを的確に攻撃できることが有利になる。獲物の方も、そうした弱点を天敵から守ることができれば有利。すると、殻なんかで防御した方が有利だよね。で、その殻を食い破るには、もっと硬い歯みたいな構造をもつ方が有利。そんな**有利になることの繰り返しが、カンブリア爆発の引き金になった**といわれてるんだ。

なんだか人間の軍拡競争みたいだ……。

カンブリア紀の動物、オパビニアの化石標本（レプリカ）。
（Photo：オフィス ジオパレオント）

カンブリア紀以前の動物、トリブラキディウムの化石標本（レプリカ）。
（Photo：オフィス ジオパレオント）

古生物トーク

3
四足(しそく)動物の脚は何のため？

動物が4本の脚をもったのはデボン紀後期といわれる。
陸上を移動するために重要な役割を果たした脚。
しかし、水中にいるときから便利に使われていたらしい。

短い腕がボクの
チャームポイント

> 突然だけどさ、君って「四足動物」だよな。

> 四足？　いや、ほら脚は2本で、腕が2本だよ。

> いやいや、「四足動物」ってのは、腕だろうが前脚だろうが、ともかく**「4本の脚」がからだから出ている動物**のこと。歩くのに、そのうちの何本を使ってようが関係ないんだよ。

> なんだ。うん、それなら、ボクは四足動物。で、それがどうかしたの？

> 君たち脊椎動物は四足動物になって、陸上に上がるようになったんだよね。

> そうそう。**最初は魚で、その魚の中に首や肩、肘、手首、腰をもつものが現れて。**38ページに登場したティクターリクが、そうした特徴をもつ重要な種だって、紹介されてた。

> で、その後、どのように進化したか知ってる？

> え？　それは、えーと……。あ、こうじゃない？　海とちがって、陸の水って干上がるじゃん。川とか湖とか。そういうところにいた魚で、ティクターリクみたいなのは、自力で干上がっていない川や湖に戻ることができた。もっと強力に地上を歩ける手足をもっている種は、もっと簡単に干上がっていない川や湖に移動できた。そんな感じで、手足を発達させた種が生き残っていったという……。

※ローマーの仮説は、20世紀に活躍したアメリカの古生物学者アルフレッド・ローマーが提唱。手足は「水中に戻るために地上を移動するもの」として発達したとする。

> 「ローマーの仮説」だね。自分で思いついたのなら、君、すごいよ。

古生物トーク

デボン紀にいたティクターリクです。魚でありながら胸びれが腕っぽくなっていました。

(Photo：T. Daeschler/VIREO)

 へへ。

でも、最新の考えではちがう。**手足はね、水中にいる間に獲得した**んだよ。

 でも、水中じゃ手足ってあんまし有利にならないんじゃない？

ところがね。浅瀬で泳ぐときにじゃまな木の枝とか、落ち葉とか、そういうのをどかすことができる。小さなことだけれど、たとえば大きな天敵に狙われているときなら、狭い場所へ逃げられるというのは立派な武器だ。だから、**陸を歩くための機能は2次的**なんだ。

 そっか。この便利な手足がねぇ。最初は歩くためのものではなかったと……。

ちなみに、最初の四足動物の手の指は8本あったから。

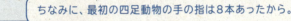 ええ!? 8本! ボクの指の4倍じゃん。

指の数はね、原始的なものほど数が多い傾向があるんだって。君の仲間だって、祖先は3本でしょ。ウマ類なんて、4本から3本に、最終的には1本になったんだから。

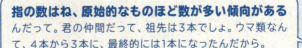

 でも、人間は5本指だよね。ボクらより多いよ。

そうだよ。その意味では人間の手足は原始的なんだ。そういう見方もあるんだ。

基本編 その1

最古の化石って何なんだ？

この本では、エディアカラ紀以降の生物の化石を紹介しているけど、実際には、数は少ないものの、エディアカラ紀よりもはるか昔の生物の化石も発見されているんだよ。

ほうほう。じゃあ、一番古い化石って何なの？

解説しよう。

　知られている限り、最も古い生物の化石は、西オーストラリアの約34億6500万年前の地層から発見されたものです。「プリマエヴィフィルム（*Primaevifirm*）」という学名がつけられたそれは、全長1mmに届かない細い糸のような化石です。
　一般に「生命38億年」ということがありますが、38億年前の化石が発見されているわけではありません。「生命38億年」の根拠となっているのは、38億年前の地層から発見されている「生命活動の痕跡」です。生物体そのものが見つかっているわけではないのです。
　プリマエヴィフィルムは、シアノバクテリア（ラン藻類）ではないか、とみられています。その一方で、プリマエヴィフィルムは実は生物の化石ではなく、鉱物なのではないか、という指摘もされています。一方で「これぞ、最古の生物の化石である」として、約34億年前の地層から、直径0.05mmに満たない円形の化石も報告されています。この小さな円形の化石については、学名がつけられていません。
　実際のところ、プリマエヴィフィルムが最古の化石であるかどうかは、まだ結論が出ていません。今後の研究次第では、新たな「最古の化石」が登場する可能性もあります。最古の化石を残す"最古の生物"はどのような姿をしていたのか。それはまだ謎に包まれているのです。

へぇ〜、そうなんだ。

基本編 その2

古生物トーク

見つけた化石は誰のもの？

「先日、友達が山の中でさ、なんだか珍しい化石を見つけたって、もってきて見せてくれたよ。」

「ちょ、ちょっと待って。山の中？ それって、許可はとってるの？」

「え？ 許可？ 化石をとるのに許可がいるの？」

「許可が必要な場所もあるんだよ。基本的には、土地の所有者に許諾をとらなくちゃいけない。」

「えー！ 勝手に入って、掘って、見つけたらその人のものだと思ってたよ。」

「それはダメだね。化石採集をしたい場合は、地域の自然史系博物館や役場などでくわしく尋ねると良いよ。それに、化石を見つけてそのまま掘ってもってくるというのは、学術的にもあまりおすすめできないんだよ。」

「どういうこと？」

「きちんと記録をとる。少なくとも、その化石が重要な発見だった場合、専門家といっしょに同じ場所にまた来ることができるようにしておくことは基本中の基本だね。」

古生物トーク

史上最大・生物ほとんど絶滅大事件

絶滅といえば、恐竜が滅んだ白亜紀末のものが有名。
でも、それよりももっと生物を追いつめた絶滅大事件がペルム紀末に起きていた!
果たして生物たちはどうなった?

「ほとんど絶滅」って、また大げさなタイトルだな。

え? 知らないの? **本気で「ほとんど絶滅」だった事件**があるんだ。

ん? あ、ああ。もちろん、知っているよ。大きな隕石がドカーンと落ちてきて、バーンと地球の表面がえぐられて……ってやつでしょ。君たち恐竜も、鳥類以外はみんな滅んだという。

それは、中生代白亜紀末の大事件。それも大規模だけれど、**古生代ペルム紀末に起きたのは、ホント、地球の生命をあと一歩というレベルまで追い込んだ**んだ。

生物ではなくて、「生命」ときたね。大げさだなあ。

いやいや。その絶滅率を聞くと君も納得するって。

何%?? 50%くらい?

我ら三葉虫一族が息絶えた時代です。

(Photo:オフィス ジオパレオント)

我らアンモナイト一族はこのとき何とか生きのびましたが、白亜紀末の最大絶滅で恐竜と一緒に滅んじゃいました。

(Photo：オフィス ジオパレオント)

海の生物種の96%。陸も地域によっては、70%くらいは滅んだっていわれてるよ。

きゅ、96！ 生き残り率は、消費税8%よりも低いじゃん！

この絶滅事件で、カンブリア紀からずっと命をつないできた三葉虫類は完全に姿を消したし、当時、陸の生態系を支配していた単弓類も大打撃を受けたんだよ。**この絶滅事件を境にして、前の時代の生物たちを「古生代型動物群」、その後の生物たちを「現代型動物群」というくらい**なんだ。つまり、それだけ生物相が異なるんだよ。

……ってことは、オレは古生代型で……。

ボクは、現代型ってことになるのかな。

いったい何で、そんな大事件が起きたのよ？

うーん。**隕石衝突説や火山爆発説、大規模な寒冷化説、海の無酸素化説などがあるけれど、よくわかってない**んだよね。いわゆる「ビッグ・ファイブ」と呼ばれる五大絶滅事件、もちろんペルム紀末の事件を含む五つだけれど、その中で原因が特定できているのは、白亜紀末の隕石衝突くらい。他はまだ謎なんだ。

※地球上では今までに何度か生物の大量絶滅が起こっており、とくに規模が大きなオルドビス紀末、デボン紀末、ペルム紀末、三畳紀末、白亜紀末に起こった5回をまとめて「ビッグ・ファイブ」と呼ぶ。

そんな絶滅をよく生き残れたね。

この絶滅でペルム紀に栄えた単弓類が大打撃を受けたんだ。たとえば、47ページで紹介したイノストランケヴィアの仲間は姿を消しちゃった。**ペルム紀の次の時代である三畳紀になったときは、時代の主役はボクら爬虫類になったんだ。**

古生物トーク

ティラノサウルス"モフモフ"問題

最近のティラノサウルスの復元は、羽毛が生えてモフモフだったりする。
だからといって羽毛が生えたティラノサウルスが見つかっているわけではない。
なのに、なぜモフモフな復元になっているの?

あれ、どうしたの? 何だか、雰囲気がちがくない?

気づいた? ちょっと最近の恐竜界のビッグウェーブに乗るしかないかな……と。羽毛を生やしてみました。

そういえば、この十数年で**恐竜さんたち、ずいぶんと鳥っぽくなった**なあ。

そうそう。**中国などからたくさんの羽毛恐竜の化石が発見されてきた**んだ。その数は、恐竜全体から見ると圧倒的に少ないのだけれど、いろんなグループの羽毛恐竜化石が見つかってるんだ。もともと羽毛はすごく化石に残りにくいから、発見されなかったからといって、なかったとはいえない。むしろ、同じグループに分類されている恐竜化石に羽毛が発見されたのなら、あるいは、**その祖先のグループに羽毛が確認されたのなら、そのグループ全体が羽毛をもっていたと考えられる**ようになったのが、今のトレンドさ!

な、なるほど。

ボクの仲間にも、全身羽毛の種がいたからね。しかも全長9メートルの大型種! キターッ!って感じで、ボクも羽毛を生やすことにしたってわけ。

ん? サイズが重要なの?

古生物トーク

 それまで、羽毛恐竜ってみんな小型種ばっかりだったんだ。そもそも羽毛は保温のためと考えられているんだ。……で、小さいからだは熱を逃がしやすいから羽毛で体温を守り、大きいボクらは熱を逃がしにくいから羽毛はなかったというのが定説だった。でも、その定説が、9メートルの大型種の発見で覆ったんだ。

 ちょい待ち！ 君は12メートルの大型種だよね。9メートルと12メートル、3メートル差ってでかいよ。オレの3倍ある。

 ……まあ、そうだね。大きいかもね。

 それに……そこまでモフモフである必要がある？ 暑くないか？

 う……。正直、暑い。脱いでいい？

 化石が見つかっていないというのなら、羽毛の量もわからないんだよね？ 現在の犬を見ても、同種なのに毛の量も長さもさまざまだよ。羽毛を生やすにしても、長さもよく考えないと……。

 ……うん。わかったから、脱いで良い？？

ティラノサウルスに羽毛があったのか、どのくらいの長さだったのかは謎です。

古生物トーク

6
恐竜絶滅の真相

ティラノサウルスにとっては辛い経験だった白亜紀末の恐竜絶滅。
大きな隕石落下から起こったと考えられるこの出来事を、
ティラノサウルス本人が語る！

とうとう、この話をするときがきたか。

あ、やっぱりするんだ。今回はスルーするのかと思ってた。

させてよ。やっぱり、この話がないと、しまらないでしょ！

はいはい。でも、**隕石衝突説で確定でしょ？**

うっ。いきなり結論を……。まあ、そうだよ。いろいろな仮説は出ているけれど、**絶滅事件の証拠といわれているすべての要素を説明できるのは、隕石衝突説だけ**なんだ。科学の話だから100％確定ではないけれども、最も有力な仮説は、隕石衝突説だよ。

※隕石衝突説は1980年に提唱された仮説。地球表層には希少なはずのイリジウムや、大規模なクレーターの存在などから、現在ではかなり有力な仮説となっている。

なるほど。で、この隕石衝突による絶滅で君たち恐竜は絶滅し、哺乳類は生き残った、と。

正確にいうと、**鳥類が生き残っているから恐竜は滅んでないし、哺乳類のみなさんも大打撃を受けた**んだけどね。

他にも、クビナガリュウ類、魚竜類などの海棲爬虫類や、アンモナイト類なども滅んだって聞いてるよ。ずいぶん大きな隕石だったみたいだね。

クレーターから推測される隕石の大きさは、長径約10kmだって。

古生物トーク

ん？ 10km？ 今ひとつ、わかんないな。それって大きいの？

じゃあ、窓から富士山見える？ 見えなければ、ネットで画像検索してみて。その富士山を縦に3個重ねたくらいの大きさが約10kmだよ。

でかっ！ そんなのが落ちてきたの？

衝突地点には直径180kmにわたって地殻表層がめくりあがって、瞬時に気温は1万℃に達したって。大規模な津波も発生したらしいよ。

うあー。瞬殺だね。

怖いのはその先さ。粉々になった地殻表層が大気中にとどまったことで、**太陽光が遮られて、その後10年にわたって、気温が10℃も下がった**んだ。

10℃も！ それって、植物は耐えきれないんじゃ。

そうして植物が育たなくなって、植物を食べていた動物が死んで、そして、その動物を食べていたボクらも……。

ご愁傷さま。

でも、まだ隕石衝突後の細かいシナリオはよくわかっていなくて、「どうやって動植物が滅んでいったのか」という問題は、まさに今、最前線で研究が進んでいるんだ。

現在のメキシコ・ユカタン半島には、隕石衝突跡のクレーターが残っている。
(Photo：Science Photo Library/amanaimages)

基本編
その3

古生物学と考古学ってちがうの？

この二つの学問、まちがえる人が本当に多いよねぇ。当事者にすると、「何でまちがえるの？」というぐらいちがうのに。

整理しておこうよ。ざっくり分けると、「化石」を研究するのが「古生物学」で、「遺跡・遺物」を研究するのが「考古学」ね。

混同されている例がいっぱいあるよね。その一つが、ボクら古生物のことを「古代生物」といっちゃうことだよね。

「古代」は、「中世」や「近代」などと一緒に歴史用語だから、考古学の言葉だよね。つまり、人類の歴史・文明のお話。だから、「古代生物」って書くと……。

遺跡を守るクリーチャー的な存在？　SFだなあ。ボクらは、人類が遺跡をつくるような時代よりももっと古いよ。「化石が出土」も同じだね。

「出土」は、遺跡・遺物が土の中から出てくることだから、考古学用語だね。化石は「産出」。資源と同じ！　大学で研究している学部もちがうから、高校生はとくに注意が必要だね！

古生物学とは、化石で発見される生物にかかわるあらゆる現象や歴史を研究する分野で、人類の歴史時代がはじまるよりも前の古生物を研究ターゲットとする。大学においては、主に理学部の地学系教室において研究が進められている。一方の考古学は、主に文学部の史学系教室で研究されている。理系・文系のレベルで異なるので、進学の際は情報収集をしっかりと！

2億5200万年前	2億100万年前	1億4500万年前	6600万年前
Mesozoic 中生代			
Triassic 三畳紀	Jurassic ジュラ紀	Cretaceous 白亜紀	

2 中生代
Mesozoic

- ザ・日本の化石
- フタバスズキリュウ
- 暴君竜
- 首の短いクビナガリュウ類
- 180度ターン
- はじまりのモササウルス類
- 難攻不落
- ゾウの鼻？
- 背には板、尾にはトゲ
- 始祖鳥
- フィッシュ・トラップ
- 鞭のような尾

Triassic
三畳紀の動物たち

　約2億5200万年前、「中生代」がはじまる。1億8000万年以上にわたって続くこの時代は、「三畳紀」「ジュラ紀」「白亜紀」の三つの「紀」で構成され、一般に「恐竜の時代」として知られている。

　三畳紀は、中生代最初の時代であり、約5100万年間続いた。その大部分において、超大陸パンゲアと超海洋パンサラッサが存在していた。「恐竜の時代」とはいっても、三畳紀の強者はまだ恐竜ではない。同じ爬虫類ではあるが、ワニ類の祖先を含む「クルロタルシ類」が覇権を握っていた。陸上生態系の頂点に君臨するクルロタルシ類、登場したての恐竜類、そしてペルム紀から続く単弓類の生き残り。この三つ巴の様相が、三畳紀という時代を特徴づける。

　三畳紀は、大量絶滅事件に挟まれた珍しい時代でもある。三畳紀末に「ビッグ・ファイブ」の四つ目にあたる大量絶滅事件が発生し、回復途上にあった生態系は再び打撃を受けることになるのだ。

覇者は恐竜にあらず
多様化したクルロタルシ類

難攻不落
デスマトスクス
Desmatosuchus

分類：脊椎動物爬虫類クルロタルシ類アエトサウルス類
化石産地：アメリカ

クルロタルシ類にはさまざまな種が分類されており、肉食性の種も植物食性の種もいた。本種が属するアエトサウルス類は、植物食性のグループである。本種は全長4.5mにおよび、アエトサウルス類の中では大型種となる。

背中には突起のある骨の装甲板が並んでいます。しかも両サイドにはトゲがあるという徹底ぶりです。この姿から、「ほとんど難攻不落」と評されています。

のちの時代の恐竜を彷彿とさせるような、大きく長いトゲを複数備えています。まさに"重戦車"！
(Photo：Science Source/amanaimages)

フィッシュ・トラップ

ゲロトラックス
Gerrothorax

分類：脊椎動物両生類　化石産地：ドイツ

全長1mにまで成長したとされる大型の両生類。
からだ全体が平たいつくりで、短く貧弱な四肢から水中生活が主体だったとみられている。
上顎が50度も開くという指摘もある。

Paleozoic 古生代

Mesozoic 中生代

Cenozoic 新生代

両生類だって負けていられない

頭部の残存度が本当に素晴らしい標本です。ゲロトラックスのチャームポイントでもある大きな眼窩、そして小さな鼻の孔と、その先に並ぶたくさんの小さな歯。本種の魅力を余すところなく保存しています。

そのサイズ、1m級

それなりに幅があって長い肋骨と、その上の小さな骨板を見ることができます。現生の両生類には見られない特徴です。そう考えると、ゲロトラックスの背中は比較的ガッチリしていたのかもしれません。

ゲロトラックスの化石の中で、「最も完璧な標本」といわれています。まさに逸品です。大きく開く半円形の口は、水底を掘ることに使われたとも、小魚を捕まえるために使われたとも考えられています。
(Photo：Museum of Natural History Stuttgart)

Jurassic

ジュラ紀の動物たち

　中生代第 2 の時代である「ジュラ紀」は、約 2 億 100 万年前にはじまった。ジュラ紀になると超大陸パンゲアの分裂が本格化し、まずは北半球の諸大陸が、そして、南半球の大陸が独立していく。また、のちにヨーロッパとなる地域の大半は水没しており、遠浅の海となっていた。この遠浅の海のことを「テチス海」と呼ぶ。

　気候は総じて穏やかな熱帯性気候である。各地で裸子植物の森林が広がっていった。

　三畳紀の三つ巴の状態を制したのは恐竜類だった。ジュラ紀になると全長 20m オーバーの巨大な植物食恐竜や、背に骨の板を並べた恐竜などが各地に出現した。また、海洋には大型の海棲爬虫類も登場する。巨大爬虫類が我が世の春を謳歌する。そんな時代がやってきたのである。

　ジュラ紀は約 5600 万年間にわたって続き、約 1 億 4500 万年前に幕を閉じる。

長い首の先にある頭部。この写真ではアングルの関係で見えませんが、口先には鉛筆のような形の歯が並びます。この歯では植物をすりつぶすことはできません。そのため、石を自ら飲み込んで、その石で、胃の中の植物をすりつぶしていたと考えられています。

巨大化の障害

　ディプロドクスの属する「竜脚類」というグループは、地球史上最大の陸上動物です。なかには、全長 35m を上回るような巨大な種がいたともみられています。

　大きくなると身を守るには都合が良いのですが、その体重を支えるために太くて丈夫な脚が必要になります。また、からだが大きくなればなるほど体内に熱が"籠る"ことになり、体温が動物としての限界値を超えることになります。そのため、巨大化には限界があったとみられています。

東海大学自然史博物館所蔵・展示の全身復元骨格です。その大きさは「圧巻」の一言に尽きます。標本長 26m。
(Photo：安友康博／オフィス ジオパレオント)

鞭のような尾

ディプロドクス
Diplodocus

分類：脊椎動物爬虫類恐竜類竜盤類竜脚類　　化石産地：アメリカ

全長26mオーバーという大型の植物食恐竜。
長い首と長い尾をもち、平たい頭部が特徴である。
竜脚類の中では比較的細身な種である。

Paleozoic 古生代

Mesozoic 中生代

Cenozoic 新生代

長い尾は、強力な鞭となったようです。肉食恐竜の中には、この"鞭"による攻撃を受けたとみられる化石も発見されています。

巨大恐竜の時代

陸上生命史上最大級

ロンドン自然史博物館が所蔵する標本です。「世界で最も完全なステゴサウルスの骨格」と呼ばれています。標本長5.6m。
(Photo：The Natural History Museum/ amanaimages)

トレードマークともいうべき骨の板。かつてはこれを横に倒すこともできた、とみられていました。その考えは、今では否定されています。

シュッとのびる尾のトゲは太くてとっても丈夫。同時代の同じ地域にいた肉食恐竜には、この尾の打撃を受けたとみられるものも発見されています。

骨の板で温度調節

　かねてより、ステゴサウルスの背の骨板には、体温調節機能があったのではないかといわれてきました。
　実際、その表面には、微細な溝構造があります。その溝は、途中で骨の板の内部に潜り込んでいるため、血管が通っていた痕跡という見方が有力です。板に日光があたれば血管も温まり、板に風があたれば血管も冷めます。現在では、体温調節に役立ったという見方はかなり有力なものとなっています。

背には板、尾にはトゲ

ステゴサウルス
Stegosaurus

分類：脊椎動物爬虫類恐竜類鳥盤類剣竜類　化石産地：アメリカ

背には骨の板を並べ、尾の先には鋭いトゲをもつ。
ジュラ紀の恐竜世界を代表する植物食の恐竜である。

世界最高峰の剣竜

頭部はとても小さく、歯もあまり発達していません。また、頭の位置もあまり高くありません。こうしたことから、背の低いシダ植物などをすきとるように食べていたと推察できます。

The world's most complete Stegosaurus!

首の短いクビナガリュウ類
プリオサウルス
Pliosaurus

分類：脊椎動物爬虫類クビナガリュウ類プリオサウルス類　化石産池　イギリス

「クビナガリュウ類」という文字からは想像できないような、首が短く頭が大きい海棲爬虫類。俗に「首の短いクビナガリュウ類」と呼ばれている。

先端が鋭く、根本が太い。そんな形状の歯は、大きな顎とあわせて本種が海洋生態系の王者だったことを示唆します。

海の覇権を握ったクビナガリュウ類

首が短くてもクビナガリュウ?

クビナガリュウ類は、けっして首が長い種ばかりではありません。プリオサウルスのように頭部が大きくて首が短い種や、頭部の形も首の長さも「首の長いクビナガリュウ類」と「首の短いクビナガリュウ類」の中間ほどの種もいました。

こうしたクビナガリュウ類に共通するのは「首のつけ根から口先までの長さ」が、「尾の長さ」よりも長いことです。つまり、クビナガリュウ類は「尾が短い海棲爬虫類」でもあるのです。

その迫力、圧倒的

顎の一部がひしゃげていたり、肋骨が曲がっていたり。これぞ、実物の化石の醍醐味です。なぜ、こんなにひしゃげてしまったのか? 想像の翼を広げるとこれも楽しくなります。

いわき市石炭・化石館が所蔵・展示する標本です。レプリカではなく、実際の化石そのものを組み立ててあるという貴重な展示です。標本長6m。
(Photo:安友康博/オフィス ジオパレオント)

始祖鳥
アーケオプテリクス
Archaeopteryx

分類：脊椎動物爬虫類恐竜類竜盤類獣脚類　化石産地：ドイツ

いわゆる「始祖鳥」の化石である。

羽根のようなやわらかいものは、通常であれば化石に残りません。しかし、この化石の産地では、そうした部分の化石も発見されています。この標本でも翼の痕跡がくっきりと。

あきらかに翼をもつ一方で、現生の鳥類とは異なって口には小さな歯が並んでいます。

見えてきた始祖鳥の色

近年、「想像するしかない」といわれていた恐竜の色について、新たな知見が増えています。色素そのものは発見されていなくても、色素をつくる細胞内小器官が確認できる標本が増えてきたからです。始祖鳥の化石もそうした標本の一つです。

2013年の研究で、始祖鳥の翼が明るい色と黒い色であることが示唆されています。全身の色については今なお不明ですが、今後、良い標本をよりくわしく調べることで「永遠の謎」とさえいわれていた「色」が、見えてくるかもしれません。

1870年代に発見された化石。始祖鳥そのものは有名ですが、実はこれまでに11体しか（公式には）報告されていません。この標本はその中でも最も完璧な標本で、所蔵博物館の所在地をとって「ベルリン標本」と呼ばれています。
(Photo：Carola Radke, Museum für Naturkunde Berlin)

空へ
科学史に残る標本

Paleozoic 古生代

Cenozoic 新生代

Cretaceous
白亜紀の動物たち

「白亜紀」は中生代の最後の時代だ。約1億4500万年前にはじまり、約6600万年前まで続いた。その期間は、実に7900万年間にわたる。これまで本書で紹介してきた「紀」の中では、最も長い。

白亜紀は極めて温暖な時代だった。地球上のどこを探しても氷河はなく、地殻変動も相まって海水準は今よりもずっと高かった。諸大陸はあちこちで水没し、たとえば北アメリカ大陸は、中西部に発達した海によって東西に分断されていた。

そんな時代に、恐竜類は空前の大繁栄を迎える。多様化も進み、世界の陸地のあらゆる場所で、生態系の上位に君臨した。ティラノサウルスをはじめとする、知名度の高い恐竜が出現したのもこの時代である。

そして、よく知られるように6600万年前に一つの巨大隕石が落下し、その影響によって鳥類をのぞく恐竜類、クビナガリュウ類などの海棲爬虫類は滅びることになる。「ビッグ・ファイブ」の最後の大量絶滅事件である。

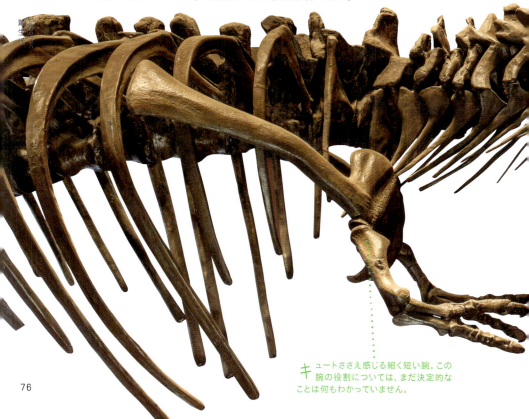

キュートささえ感じる細く短い腕。この腕の役割については、まだ決定的なことは何もわかっていません。

暴君竜
ティラノサウルス
Tyrannosaurus

分類：脊椎動物爬虫類恐竜類竜盤類獣脚類　化石産地：アメリカ

圧倒的な顎の力と、鋭い嗅覚などの優れたスペックをもつ。
近年は、一般的な肉食性を超える肉食性ということで「超肉食恐竜」とも呼ばれる。

Paleozoic 古生代
Mesozoic 中生代
Cenozoic 新生代

ミュージアムパーク茨城県自然博物館が所蔵・展示する全身復元骨格です。オリジナルは、カナダのロイヤルティレル博物館が所蔵する「RTMP81.6.1」。日本国内に展示されている全身復元骨格は、解説をよく見ると、こうしたオリジナルの標本番号が記載されている例があります。ちなみに、RTMP81.6.1は、1980年にカナダのアルバータ州で発見された保存率28％の標本で、頭骨以外は別の標本と組み合わせて復元されています。全長約10m。
（Photo：安友康博／オフィス ジオパレオント）

頂点を極めた恐竜

超肉食恐竜、
出現する

ティラノサウルスといえば、大きな頭部。とくに太い歯が並ぶ顎です。この顎が生み出す噛む力は、現生アリゲーターの8倍以上、他の大型肉食恐竜の6倍以上の値になります。獲物の肉を切り裂くのではなく、骨ごと噛み砕いていました。

はじまりのモササウルス類

クリダステス
Clidastes

分類：脊椎動物爬虫類モササウルス類　化石産地：アメリカ

モササウルス類は、白亜紀後期に出現し、瞬く間に世界中の海で生態系の頂点に君臨した海棲爬虫類である。クリダステスは、そんなモササウルス類の中では原始的とされ、他のモササウルス類と比較すると小型だ。その化石は、かつて沿岸だった場所で発見されることが多い。

奥のちょっと内側に歯が並んでいるのが見えるでしょうか？　この歯がどのように使われていたのか？　その役割にあれこれと思いをめぐらし、議論するのもモササウルス類をめぐる醍醐味の一つでしょう。また、歯の形が前の方と後ろの方で異なるのも特徴です。

マーストリヒトの大怪獣

　モササウルス類の最初の化石は、オランダのマーストリヒト近郊にある鉱山から、18世紀に発見されました。その化石は、標本長1.6mの頭骨化石で、当時は「マーストリヒトの大怪獣」として、地元の礼拝所に保管されていたようです。
　その後、ナポレオン軍による侵略があり、この街が包囲・攻撃されたときも、ナポレオン軍はこの標本を壊さぬように、礼拝所には砲撃をしなかったと伝えられています。

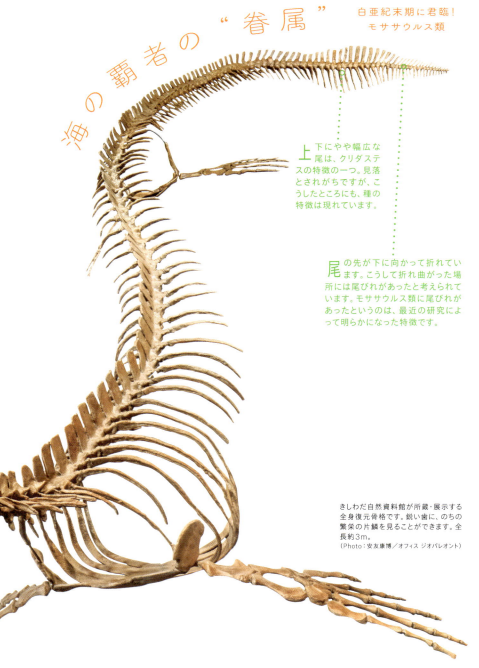

海の覇者の"眷属"

白亜紀末期に君臨！
モササウルス類

古生代 Paleozoic

中生代 Mesozoic

新生代 Cenozoic

上下にやや幅広な尾は、クリダステスの特徴の一つ。見落とされがちですが、こうしたところにも、種の特徴は現れています。

尾の先が下に向かって折れています。こうして折れ曲がった場所には尾びれがあったと考えられています。モササウルス類に尾びれがあったというのは、最近の研究によって明らかになった特徴です。

きしわだ自然資料館が所蔵・展示する全身復元骨格です。鋭い歯に、のちの繁栄の片鱗を見ることができます。全長約3m。
(Photo：安友康博／オフィス ジオパレオント)

フタバスズキリュウ

フタバサウルス
Futabasaurus

分類：脊椎動物爬虫類クビナガリュウ類　化石産地：日本

1968年に福島県で発見されたクビナガリュウ類。
日本の固有種であり、2006年に現在の学名がついた。
映画『ドラえもん のび太の恐竜』に登場する「ピー助」のモデルとして、圧倒的な知名度を誇る。
「フタバスズキリュウ」は和名。

Paleozoic 古生代
Mesozoic 中生代
Cenozoic 新生代

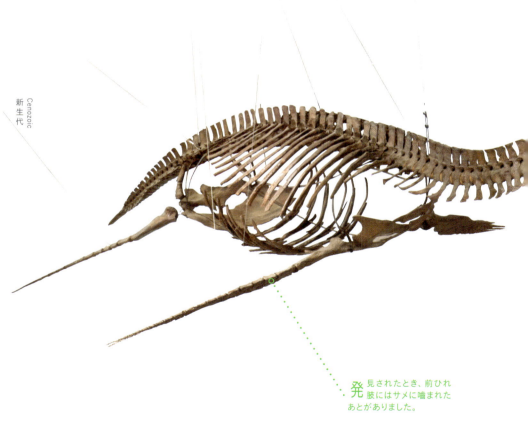

発 見されたとき、前ひれ肢にはサメに噛まれたあとがありました。

いわき市石炭・化石館が所蔵・展示する全身復元骨格です。標本長6.5m。
(Photo：安友康博／オフィス ジオパレオント)

クビナガリュウ類の首が長いのは、骨の数が多いからです。これは、同じように首の長い動物でもキリンのような哺乳類とは大きく異なる特徴です。キリンの場合は、個々の骨が長いため、結果として首が長くなっています。数を増やすか、骨を長くするか。その"選択のちがい"が現れています。

細く鋭い歯が並んでいます。クビナガリュウ類がいったい何を食べていたのかは議論のあるところですが、コウモリダコの仲間を食べていたのではないか、という指摘もあります。

古生代 | Paleozoic
中生代 | Mesozoic
新生代 | Cenozoic

ピー助！

日本のクビナガリュウ類といえば……

幻となった学名

フタバスズキリュウには、実は「フタバサウルス（*Futabasaurus*）」という学名が付けられる前にも考えられていた名前がありました。その名も「ウエルスサウルス（*Wellesisaurus*）」。研究に多大な協力をしてくれたウェルズ博士への献名でした。

しかし正式な論文が発表される前に、この名前が公表されてしまったため、学名命名規約のルールによって「ウエルスサウルス」は使用できなくなってしまいました。新種の学名の公表に、研究者は慎重になります。それはこのルールがあるからです。

ザ・日本の化石

ニッポニテス
Nipponites

分類：軟体動物頭足類アンモナイト類　化石産地：日本

殻が平面螺旋状にぴったりとくっついて巻いていない。
そんなアンモナイトを「異常巻きアンモナイト」と呼ぶ。
北海道はアンモナイト産地として世界的に有名で、とくに異常巻きアンモナイトを多産する。
なかでも、本種はその代表格。
学名は「日本の化石」を意味し、日本古生物学会のシンボルマークにもなっている。

異常巻きアンモナイト　ちょっと変わったコたち

複雑な巻きをしているようですが、実はそこには数式で表現できるような規則性があります。見事なクリーニング技術で、複雑な内部の巻きまで綺麗に掘り出されています。

北海道産。三笠市立博物館が所蔵する長径6cmほどの標本。
(Photo：オフィス ジオパレオント)

北海道産。三笠市立博物館が所蔵する高さ7cmほどの標本。
(Photo：オフィス ジオパレオント)

バネ？
ユーボストリコセラス
Eubostrychoceras

分類：軟体動物頭足類アンモナイト類　化石産地：日本

いわゆる「異常巻きアンモナイト」の一つ。
バネのように巻く。

ちらも見事に掘り出された標本です。これは三巻きですが、十巻き近いものもあるとのこと！

180度ターン
ポリプチコセラス
Polyptychoceras

分類：軟体動物頭足類アンモナイト類　化石産地：日本

いわゆる「異常巻きアンモナイト」の一つ。
管を折り曲げたような形。

180度ターンを2回。綺麗に保存されています。

小さな凸構造が規則的に並んでいます。うっかりすると見過ごしてしまいそうな特徴です。

北海道産。三笠市立博物館が所蔵する高さ7cmほどの標本。
(Photo：オフィス ジオパレオント)

まっすぐ
バキュリテス
Baculites

分類：軟体動物頭足類アンモナイト類　化石産地：日本

いわゆる「異常巻きアンモナイト」の一つ。
ニッポニテスとは対極にあるような、
まっすぐの殻をもつ。

北海道産。三笠市立博物館が所蔵する長さ10cmほどの標本。
(Photo：オフィス ジオパレオント)

ゾウの鼻？
プラビトセラス
Pravitoceras

分類：軟体動物頭足類アンモナイト類　化石産地：日本

「北のニッポニテス。西のプラビトセラス」といわれるほどの、これもまた、日本を代表するアンモナイトである。最外周の殻がだらんと垂れて、逆方向に巻かれている。まるでゾウの鼻のようだ。

アンモナイトの殻の"中心"である「へそ」から最外殻まで。綺麗に残され、そして掘り出されています。肋の間隔も数も確認できる、素晴らしい標本です。

兵庫県あわじ島産。北九州市立自然史・歴史博物館所蔵標本。長径25cm。
（Photo：御前明洋）

6600万年前　　　　　　　　　　2300万年前　　　　258万年前

Cenozoic
新生代

　　　Paleogene　　　　**Neogene**　　　**Quaternary**
　　　古第三紀　　　　　　新第三紀　　　　　第四紀

新生代
Cenozoic

4頭身肉食獣

毛の生えたワニ

肉食か？　それとも植物食か？

オオナマケモノ

大型サーベルタイガー

控えめな牙

最も優秀なサーベルタイガー

ケナガマンモス

長〜い前脚

各地で栄えた

いったい何モノ？

サーベルタイガーの代名詞

Paleogene
古第三紀の動物たち

　約6600万年前の中生代末に起きた大量絶滅事件。その結果、生態系はまたも大きな再構築を余儀なくされた。この大量絶滅事件では、ジュラ紀から白亜紀にかけての地上の"支配者"だった恐竜類の大半が滅び、かろうじてその1グループである鳥類だけが次代に命をつなげた。恐竜類の影で多様化を進めていた哺乳類も打撃を受けたが、哺乳類もまたかろうじていくつかのグループを生き残らせることができた。

　約6600万年前から現在に続く時代を「新生代」という。新生代は「古第三紀」「新第三紀」「第四紀」の三つの時代で構成されている。ついにやってきた「哺乳類の時代」だ。

　恐竜後の世界にいち早く適応した哺乳類は、古第三紀においてグループ内の、いわば「試行錯誤の実験」を大規模に見せることになる。その結果、現在の地球には見られない、独特の姿をした哺乳類も数多く出現することになった。

もう一つの

イギリス、ロンドン自然史博物館が所蔵する標本長約90cmの上顎の骨です。長い吻部が特徴です。
（Photo：The Natural History Museum/amanaimages）

4頭身肉食獣

アンドリュサルクス
Andrewsarchus

分類：脊椎動物哺乳類メソニクス類　化石産地：モンゴル

メソニクス類は、古第三紀だけにいた肉食哺乳類のグループ。
その中でも本種は、頭胴長3mにおよぶ現生ライオンとほぼ同等以上のサイズを誇る。
頭胴長の約4分の1を占める大きな頭部が特徴。

三つの肉食哺乳類グループ

現在を生きる哺乳類の中で、とくに肉食に適したグループを「食肉類」と呼びます。食肉類は別名で「ネコ類」と呼ばれますが、イヌやクマもこのグループに属します。

現在では、"純粋な肉食哺乳類"は食肉類だけですが、かつては「メソニクス類」と「肉歯類」というグループがいました。これらの絶滅2グループに関しては、なぜ滅んでしまったのか、明確な答えが出ていません。

現生の肉食獣の典型例であるライオンやトラと比べると非常に長い吻部をもっています。イヌの仲間と比べても長い。どちらかといえば、クジラ類に近いかもしれません。

がっしりと太い歯が並んでおり、本種が恐ろしい肉食獣であったことを想像させます。滅んでしまったことを幸運と思うべきか、それとも、やはり残念と思うべきでしょうか？

肉食哺乳類　姿を消した顔の長いヤツ

毛の生えたワニ
アンブロケトゥス
Ambulocetus

分類：脊椎動物哺乳類鯨偶蹄類　化石産地：パキスタン

かつてクジラ類の祖先は陸上で暮らし、古第三紀がはじまってしばらく経過した頃に、海棲種となった。本種はその進化の「肝」ともいえる存在で、四肢をもちながらも、海水環境で暮らしていた可能性が指摘されている。頭胴長約2.7m。

高い眼の位置は、からだの大半を水中に潜めたまま、水面上のようすをうかがうことができることを示唆しています。現生のワニ類と同じ特徴です。

クジラへの道

海に帰った哺乳類

水中で暮らしていたとはいっても、ガッシリとした四肢をもっています。地上を歩くこともできたでしょう。

国立科学博物館が所蔵・展示する全身復元骨格です。水中を泳ぐような姿勢で復元されています。
(Photo：安友康博／オフィス ジオパレオント)

肉食か？ それとも植物食か？

ガストルニス
Gastornis

分類：脊椎動物鳥類ツル類　化石産地：アメリカ

古第三紀から新第三紀にかけて、大きな頭部をもった飛べない鳥がいた。
彼らは、哺乳類と食料を奪い合うような競合種だったかもしれない。
本種はそんな鳥類の代表的な存在で、身長2mに達する。

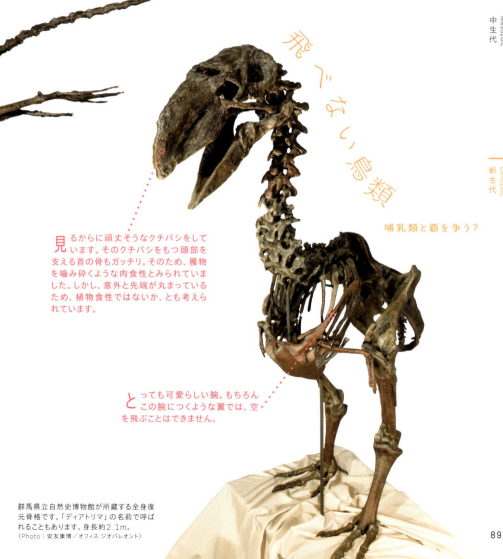

飛べない鳥類

哺乳類と覇を争う？

見るからに頑丈そうなクチバシをしています。そのクチバシをもつ頭部を支える首の骨もガッチリ。そのため、獲物を噛み砕くような肉食性とみられていました。しかし、意外と先端が丸まっているため、植物食性ではないか、とも考えられています。

とっても可愛らしい腕。もちろんこの腕につくような翼では、空を飛ぶことはできません。

群馬県立自然史博物館が所蔵する全身復元骨格です。「ディアトリマ」の名前で呼ばれることもあります。身長約2.1m。
（Photo：安友康博／オフィス ジオパレオント）

Paleozoic 古生代

Mesozoic 中生代

Cenozoic 新生代

Neogene
新第三紀の動物たち

　新生代二つ目の時代である「新第三紀」は、今から約2300万年前にはじまり、約258万年前まで続いた。この頃になると、もはや地球の様相は、現在とたいしてかわらない。南北アメリカがパナマ地峡でくっついたのも、インドがアジア大陸に衝突してヒマラヤ山脈をつくったのも、日本列島がアジア大陸の東縁から離れはじめたのも、この時代である。

　気候の上では大きな変化があった。古第三紀の半ばにはじまった地球規模での乾燥化がいよいよ本格化してきたのだ。乾燥化が進行したことによって、各地の森林は縮小し、そして地球史上初となる「本格的な草原」が広がった。

　そんな時代に、哺乳類の"快進撃"は進んでいく。縮小する森林の中では、ネコ類が本格的に台頭し、その中にはいわゆる「サーベルタイガー」も出現した。

サーベルタイガーの代名詞
スミロドン
Smilodon

分類：脊椎動物哺乳類食肉類ネコ類　化石産地：アメリカ

標本長34cmの頭骨レプリカ。
この標本は、第四紀の化石をモデルとしたものです。

大型サーベルタイガー
マカイロドゥス
Machairodus

分類：脊椎動物哺乳類食肉類ネコ類　化石産地：中国

標本長36cmの頭骨レプリカ。
大きなからだの割に頭部は小さめです。

古生代 Paleozoic

控えめな牙
ゼノスミルス
Xenosmilus

分類：脊椎動物哺乳類食肉類ネコ類　化石産地：アメリカ

標本長32cmの頭骨レプリカ。
頭骨は細長く、牙は短めです。

最も優美なサーベルタイガー
メガンテレオン
Megantereon

分類：脊椎動物哺乳類食肉類ネコ類　化石産地：中国

標本長26cmの頭骨レプリカ。
下顎には長い牙を納める刃のさやのような突起がありました。

中生代 Mesozoic

サーベルタイガー

新生代 Cenozoic

台頭する牙長きネコたち

各地で栄えた
ホモテリウム
Homotherium

分類：脊椎動物哺乳類食肉類ネコ類　化石産地：不明

標本長36cmの頭骨レプリカ。
化石は世界各地から見つかります。

牙が長い「ネコっぽい頭骨化石」を見つけたら、それはいわゆるサーベルタイガーかもしれません。ここでは5種の頭骨レプリカを並べています。最も有名なサーベルタイガーは、下段左のスミロドン。上顎が開きっぱなしになっていることからもわかるように、長い牙をもっています。上段左のゼノスミルスと、下段右のホモテリウムは近縁種。そういわれてみると、牙の長さや形、頭骨の形などの類似性に気づきませんか？「サーベルタイガー」とひとくくりにされるこのコたちですが、こうして見比べてみると、結構ちがいがあることがわかります。近縁種の特徴を知るには、実際に並べて見るのがいちばんです。

(Photo：オフィス ジオパレオント)

長〜い前脚

モロプス
Moropus

分類：脊椎動物哺乳類奇蹄類カリコテリウム類　化石産地：アメリカ

奇蹄類（ウマの仲間）なのに、「蹄」ではなくてかぎ爪をもつという珍妙な動物。肩高180cmほど。

かぎ爪をもつ絶滅奇蹄類

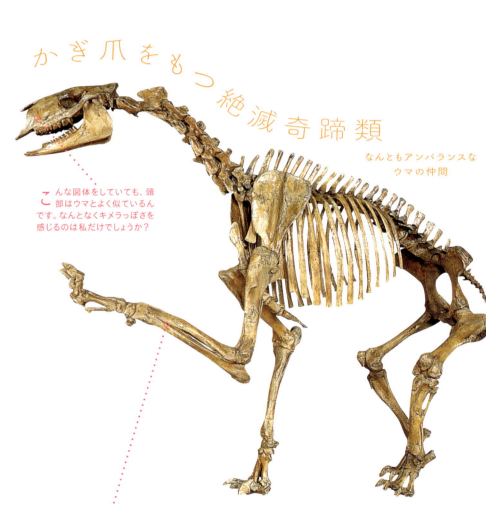

なんともアンバランスな
ウマの仲間

こんな図体をしていても、頭部はウマとよく似ているんです。なんとなくキメラっぽさを感じるのは私だけでしょうか？

長い四肢が特徴です。とくに後脚よりも長いという前脚は、この動物の「アンバランス感」を伝えてきます。その先にはかぎ爪があり、おそらくこの腕と手を使って、樹木の枝葉を引き寄せていたとみられています。

福井県立恐竜博物館が所蔵・展示する全身復元骨格です。
Photo：福井県立恐竜博物館

いったい何モノ？

デスモスチルス
Desmostylus

分類：脊椎動物哺乳類束柱類　化石産地：ロシア（発見当時は日本領樺太）

束柱類は、新第三紀の日本を代表する哺乳類。
近縁種を含めて絶滅しており、その復元像から生態まで謎だらけである。
本種はその代表種にして、最も進化的な種の一つ。全長2.8mほど。

Paleozoic 古生代

Mesozoic 中生代

Cenozoic 新生代

機会があれば、ぜひ、口の中をのぞいてみてください。「束柱類」の名のもとになった、円柱状の奇妙な歯を見つけることができるでしょう。

謎の絶滅哺乳類

日本を代表する古生物

横に張り出した肘は、独特なつくりです。哺乳類の四肢は基本的にまっすぐからだの下にのびるので、この骨格だけでも本種の特異性がわかります。

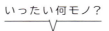

足寄動物化石博物館が所蔵・展示する全身復元骨格です（オリジナルは北海道大学所蔵）。本種は研究者によって復元の仕方が大きく異なります。この標本は犬塚博士によって1998年に復元されたもので、「犬塚復元」と呼ばれています。
（Photo：安友康博／オフィス ジオパレオント）

Quaternary
第四紀の動物たち

　約258万年前から現在までを「第四紀」という。第四紀は「氷河時代」だ。地球温暖化の警鐘が鳴らされて久しい今日だが、実は現在を含む第四紀は、地球の歴史の中では「寒い時代」である。

　氷河時代である第四紀には、寒気が厳しくて高緯度地方に広く氷河が発達する「氷期」と、相対的に暖かい「間氷期」が繰り返されてきた。現在はこの「間氷期」にあたる。

　第四紀は、「人類活動の時代」でもある。人類は新第三紀のうちに出現していたものの、いよいよこの時代になってその栄華を確立させた。そうした人類の台頭にともなうかのように、約1万年前に大型の哺乳類が姿を消していく。ただし、大型哺乳類の絶滅に人類がどのように関係していたのかについては、未だよくわかっていない。

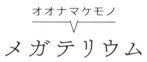

オオナマケモノ
メガテリウム
Megatherium

分類：脊椎動物哺乳類有毛類メガテリウム類　　化石産地：アルゼンチン

大きなものでは全長6mに達する地上性のナマケモノ。
後脚を使って立ち上がることができたとされる。
洋の東西を問わず、「恐竜みたい」と評されることが多いが、れっきとした哺乳類である。

南アメリカの独特の生態系

　南アメリカは、現在でこそ北アメリカとパナマ陸橋でつながった陸続きの土地ですが、過去においてはそうではありませんでした。白亜紀後期以降、数千万年にわたって、南アメリカは孤立した大陸だったのです。

　孤立した場所では、独自の生態系が築かれて、独自の動物たちが進化します。現在のオーストラリアの有袋類が良い例です。南アメリカの孤立は、新第三紀末に終わりましたが、第四紀に入ってしばらくの間は独特の姿をした哺乳類を見ることができました。

徳島県立博物館が所蔵・展示する全身復元骨格です。身長約2.97m。
(Photo：安友康博／オフィス ジオパレオント)

恐竜ではありません

木登りできないナマケモノ

口先がちょっと突き出しているのが本種の特徴の一つ。大きな下顎とのギャップが非常にチャーミングな印象を与えます。

がっしりとした尾は、直立時には「第三の脚」としての役割を果たしたかもしれません。尾を使ってバランスをとる哺乳類は、現生種にもいくつか確認されています。

人と比べると…

Paleozoic 古生代

Mesozoic 中生代

Cenozoic 新生代

マンモス・プリミゲニウス
ケナガマンモス
Mammuthus primigenius

分類：脊椎動物哺乳類長鼻類ゾウ類　化石産地：シベリア

北半球の高緯度地域で繁栄した。
日本でも北海道からその化石が発見されている。
「マンモスゾウ」「ケマンモス」とも呼ばれる。

寒冷地仕様

寒い時期に寒い場所で大繁栄

頭部の中央正面に大きな"鼻の孔"が開いています。かつて、この鼻の孔が「眼窩（眼の穴）」であると考えられたことがあり、マンモスの頭骨は、絶滅した「一つ目巨人」の頭骨であると考えられていたこともあるようです。

美しい弧を描く牙。この牙は、種によって形が異なります。「牙」と漢字で書くと、90ページのサーベルタイガーたちと同じ字面ですが、長鼻類の牙は「門歯（いわゆる前歯）」であり、サーベルタイガーの「犬歯」とは異なります。

北海道博物館が所蔵・展示する全身復元骨格です。肩高3.5mにおよびます。骨になっているとわかりませんが、全身を長い体毛で覆った寒冷地仕様のマンモスです。
（Photo：安友康博／オフィスジオパレオント）

カンブリア動物化石を家族で採掘

実際に行って見てみよう！

~~~の年齢を決めた男

女化石ハンター

ティラノサウルスをハントした男

古生物と人々
Prehistoric life and people

骨戦争の主役たち

"古生物学人"の実態解明！？

古生物な人々
メアリー・アニング 98
コープとマーシュ 99
チャールズ・ウォルコット 100
バーナム・ブラウン 101
アーサー・ホーム 102
プロ×プロ対談
古生物界のソボクな疑問 103
この本で紹介した化石の所蔵博物館ガイド ... 107
種名索引 109
参考文献 110

> 古生物な人々

メアリー・アニング

> 女化石ハンター

　本書を読んで化石に興味をもたれた読者のみなさまであれば、ロンドン旅行の際はぜひ、ロンドン自然史博物館をお訪ねいただきたいと思います。バッキンガム宮殿よりも、ビッグベンよりも、ロンドン橋よりも、古生物ファンであれば、ロンドン自然史博物館を！　大英博物館と並んで、マストな博物館です。

　そのロンドン自然史博物館に、ある女性の肖像画が飾ってあります。彼女の名前は、メアリー・アニング。18世紀後半から19世紀前半を生きた化石ハンターです。

　メアリーは、ロンドンから南西へ約240kmのところにあるライム湾の畔で暮らしていました。ライム湾沿岸には、ジュラ紀の地層が分布しています。彼女はこの地にて、次々と古生物学史に残る発見・発掘を成し遂げていくのです。

　メアリーは、兄とともに採集した化石を売って、家族を支えていました。1812年、メアリーが13歳のとき、メアリーの一家は史上初めて本格的な魚竜類の化石を発見・発掘します。その2年後にはメアリーは、別の魚竜類の前脚の化石を発見し、さらにその4年後には全身骨格を発見しました。そして、24歳のときには、これまた史上初となるクビナガリュウ類の化石を発見するのです。

　メアリーはプロの研究者ではなく、あくまでも化石ハンターでした。しかし、「生物には絶滅が起こる」ことなど、メアリーの化石によってわかったことも多く、彼女は科学の世界に影響を与えました。プロの研究者たちは、メアリーから彼女の発見した化石を購入して、古生物学の研究を進めていったのです。

　古生物学黎明期を支えた化石ハンター。彼女は今、「Fossil woman（化石夫人）」の"称号"で呼ばれています。

メアリー・アニング
Mary Anning
1799～1847年。イギリスの化石ハンター。家具職人の父は、化石を採集して観光客に売る仕事もしていた。1810年に父が亡くなった後、メアリーが化石採集を引き継ぎ、研究者に化石を売るようになる。恐竜の化石は発見していないが、魚竜、クビナガリュウ、翼竜の保存状態のよい化石を多く発見している。
(Photo : Science Photo Library/amanaimages)

> 古生物な人々

コープとマーシュ

骨戦争の主役たち

何事にも「ライバル」は大切な存在です。ライバルとの競争は、物事をより高みへと連れていってくれます。しかし「好敵手」と書いて「トモ」と読ませるようなライバル関係ではなく、憎むべき相手となってしまったら、それはときにとても残念な結果を生むこともあります。

古生物学史上で「ライバル」といえば、エドワード・ドリンカー・コープと、オスニエル・チャールズ・マーシュです。ともに19世紀に活躍したアメリカの古生物学者で、とくにたくさんの恐竜を発見・報告したことで知られています。

コープは「奇才」といわれるほどの人物で、若くして大学の教授に就任した人物です。生涯に執筆した論文は1200とも1400ともいわれています。

一方のマーシュは、豊富な資金力を背景に博物館の館長に就任した人物です。マーシュは「机上の古生物学者」といわれ、自身がフィールドに出ることはほとんどなかったようですが、多くの発掘隊を組織して派遣しています。「鳥は恐竜の子孫」と主張したことでも知られています。

19世紀後半、この二人によって恐竜化石の発見・発掘競争が展開されました。アロサウルス、アパトサウルス、ステゴサウルスといった知名度の高い恐竜たちは、この競争によって報告されたものです。残念なことに純粋な研究競争ではなかったようで、スタッフの引き抜きや、相手に対する妨害工作、スパイ行為まであったと伝えられています。また、相手に勝つことをあまりにも重視したため、詳細な検証がなされる前に発表された論文も多くあります。

結果として、彼らは合計130種の新種恐竜を報告しました。この数は、たった二人によるものとしてはかなり多く異例であり、また、今日の恐竜像の確立に大きな貢献を果たしたといえるでしょう。しかし、やはり未検証部分も多く、今日でも認められている種は30種におよびません。

エドワード・ドリンカー・コープ
Edward Drinker Cope

1840〜1897年。アメリカの古生物学者、比較解剖学者。子どもの頃から動物や化石に興味をもち、18歳で最初の論文を発表。「コープの法則」など進化に関する法則を多く提唱。生涯のうちに、絶滅した脊椎動物の新種を1000種以上報告した。

オスニエル・チャールズ・マーシュ
Othniel Charles Marsh

1831〜1899年。アメリカの古生物学者。アパトサウルス、ステゴサウルス、トリケラトプスなど恐竜の新種を多く発表。また、アメリカで初の翼竜の化石を発見した。コープとは化石の研究のことで関係がこじれてしまい、後年「骨戦争」へと発展していった。

ステゴサウルスの化石標本。
(Photo:The Natural History Museum/amanaimages)

古生物な人々

チャールズ・ウォルコット

カンブリア動物化石を家族で採掘

　化石を愛するという楽しみ。ときにそれは家族にさえ理解されないことがあります。個人の化石収集家が亡くなったときに、コレクションが廃棄物として家族に処分されてしまった。真偽のほどはわかりませんが、そんな話がまことしやかに収集家の間では囁かれています。

　一方で、家族の協力もあって、偉大な研究を成し遂げた人物もいます。19世紀末から20世紀初頭に活躍したアメリカの古生物学者、チャールズ・ウォルコットもその一人です。本書でも紹介している、カンブリア紀の化石群を発見した人物として知られています。

　その化石群は、「バージェス頁岩動物群」と呼ばれています。カナダのブリティッシュコロンビア州に分布するカンブリア紀の地層です。1909年、ウォルコットは家族を連れて、ブリティッシュコロンビア州にあるスティーブン山を訪れていました。目的は、三葉虫の化石が産出する地層の調査です。

　その調査の中で、ウォルコットが妻のヘレナ、息子のスチュアートと一緒に山道を歩いていたときに、マルレラをはじめとする3種の化石を発見しました。そしてその発見を契機として、翌年から一家による発掘と収集が行われました。そして、1911年には正式に「バージェス頁岩層」という名前が、発掘地の地層に与えられます。

　最終的に、ウォルコット一家によって、合計6万5000点におよぶ化石標本が集められることになります。これまでに報告されているバージェス頁岩層産の化石のうち、100種以上がウォルコットによって報告されたものです。彼と彼の一家によって、カンブリア紀の生態系はいっきに明らかになったのです。

チャールズ・ドリトル・ウォルコット
Charles Doolittle Walcott
1850～1927年。アメリカの古生物学者。農場などで働きながら三葉虫の化石を収集し、地質学者ジェームズ・ホールの助手になる。その後、アメリカ地質調査所所長、スミソニアン研究所所長、カーネギー研究所理事長などを歴任しながら研究を続け、バージェス頁岩層を発見する。
（Photo：Science Photo Library/amanaimages）

古生物な人々

バーナム・ブラウン

ティラノサウルスをハントした男

　ウォルコットがバージェス頁岩動物群を発見するよりも少し前。アメリカでは、アメリカ自然史博物館の古生物学者ヘンリー・オズボーンと組んだ化石ハンターが、のちに世界中の人々に愛される恐竜の化石を発見しました。その恐竜こそが「ティラノサウルス・レックス」。化石ハンターの名前は、バーナム・ブラウンです。

　バーナム・ブラウンは幼い頃から化石収集に励み、1897年に化石ハンターとして、オズボーンに雇われました。このとき、オズボーンの勤務するアメリカ自然史博物館には、恐竜の骨格標本は一つもなかったと伝えられます。バーナムは世界中をかけまわって、アメリカ自然史博物館のために多くの化石を集めました。恐竜だけではなく、魚類や哺乳類の化石、また珍しい考古学的な資料も収集したそうです。その結果、アメリカ自然史博物館には世界トップクラスの標本がそろうことになります。

　ブラウンの功績として最も有名なのは、ティラノサウルスの化石の発見です。1900年にアメリカのワイオミング州で最初の化石を発見し、1902年にはモンタナ州でも発見します。そして、1908年にも発見しました。オズボーンは1902年に発見した標本にもとづいて論文を発表し、おそらく今日、世界で最も知名度の高い古生物、「ティラノサウルス・レックス（*Tyrannosaurus rex*）」の学名を命名するに至ります。また、1902年と1908年の標本にもとづいて、アメリカ自然史博物館に史上初めてティラノサウルスの全身復元骨格が展示されました。ちなみに、この標本のナンバーは「AMNH 5027」です。全身の48％が保存されていた良質な標本です。日本でもこのAMNH 5027をオリジナルとする全身復元骨格が展示されている博物館があるので、ティラノサウルスを見たときは標本番号をチェックしてみてください。

　ブラウンの生涯には謎が多く、戦時中には地質や地理などの情報収集にあたる諜報任務についていたともいわれています。

ティラノサウルスの化石標本。
（Photo：安友康博／オフィス ジオパレオント）

バーナム・ブラウン
Barnum Brown
1873〜1963年。アメリカの化石ハンター。子どもの頃から父の農場で貝の化石などを掘り出していた。大学で地質学や古生物学を学んだ後、アメリカ自然史博物館の古生物学者オズボーンの依頼を受けて、世界各地のフィールドで化石採集・発掘を続けた。

> 古生物な人々

アーサー・ホームズ

地球の年齢を決めた男

推理小説界で「ホームズ」といえば「シャーロック」ですが、地球科学界では「ホームズ」といえば「アーサー」となります。

本書ではそれぞれの地質時代のはじまりの文の中に、その地質時代の年代を数字で記しました。たとえば、カンブリア紀については「約5億4100万年前にはじまり、約4億8500万年前まで続いた」と紹介しています。これらの数値は、国際層序委員会が定めた地質年代表(2016年4月版)に従っています。そして、こうした数値を計算する、その手法を確立させたのがイギリスの地質学者、アーサー・ホームズです。

地質時代の年代値、ひいては地球そのものの年齢の"確定"は、地質時代名の命名から大きく遅れました。最初の地質時代名である「石炭紀」が名づけられたのは1822年ですが、このとき、石炭紀が何年前の時代なのかははっきりとわかっていなかったのです。19世紀を通じて、地質年代や地球の年齢を求める手法は混乱の極みにありました。さまざまな手法が考案され、地球の年齢は2000万歳という値や、4億歳という値が算出されます。

そんな混乱が続く中、1911年に弱冠21歳のホームズが、岩石の中の放射性同位体を調べる「放射年代測定法」を用いて地質時代に年代値をあてることに成功します。このときホームズは石炭紀を3億4000万年前と算出しました。現在の最新の手法による石炭紀の期間を示す値が3億5900万年前~2億9900万年前ですから、この精度は驚異的といえるでしょう。

1912年、ホームズは地球内部の岩石の年代を測定するかわりに、隕石を利用することを考えつきます。これも驚くべき先見の明というべきで、実際、現在いわれている「地球の年齢は46億歳」という数字は、「地球も隕石も同じ時期につくられた」という考えのもとに隕石を分析して得られた数字にもとづくものです。

ホームズは、1955年にそれまで勤めていた大学教授の職を辞しました。このとき、ロンドン地質学会とアメリカ地質学会は彼の功績を讃え、それぞれ最高の賞を彼に贈ったとされています。今日、私たちが地球の年齢を知り、古生物の生きていた年代を知ることができるのは、ホームズの功績によるところが大なのです。

アーサー・ホームズ
Arthur Holmes
1890~1965年。イギリスの地質学者。著作の『一般地質学』は地球科学の名著といわれる。
(Photo:SCIENCE PHOTO LIBRARY/amanaimages)

プロ×プロ対談
古生物界のソボクな疑問

学芸員・芝原暁彦
（産業技術総合研究所地質標本館にて
地質学・古生物学を専門として活動）
×
サイエンスライター・土屋 健
（地質学・古生物学を得意とする）

"古生物学人"の
実態解明！？

同じ古生物学の世界にいながら、「研究者」と「サイエンスライター」という、
ちがう道を歩む古生物のプロ二人が、知られざる古生物の世界について対談！

なぜ、どうして古生物を選んだ！？

編集部 お二人とも、大学で古生物学を学ばれて、現在の職につながっているんですよね。古生物学って、一般的にはちょっとなじみが薄いかも……と思うのですが、そもそも、古生物学という道へ進もうと考えられたきっかけは何だったのでしょう？
芝原 私は、4歳のときですね。国立科学博物館に行ったときに、当時、入口に肉食恐竜の全身骨格があったんです。それに魅せられて……。それからずっと化石少年、恐竜少年でした。6歳のときに、母に「あなた、本当にこの道を進んで行くの？」って確認されて……。
土屋 はやっ！
芝原 で、「うん。やっていく」と答えたんですよね。そこからはずっと化石と恐竜ばっかり。そんな人生を歩んできました。
土屋 16歳ではなくて、6歳ですよね？ 小学1年生くらいじゃないですか！ そこでもう進路を決められていた。
芝原 私は福井県福井市の出身なんですが、ちょうど私が小学生のときに、福井が恐竜で活性化しはじめたんですよ。
土屋 恐竜化石が発見されて、世界中から大きな注目を浴びはじめたときですね。
芝原 そうなんです。世界中からいろいろな古生物学者がやってきて、博物館で講演などをしていました。そんな時期の博物館に毎日のように通っていました。自由研究のテーマもぜんぶ恐竜でしたね。
土屋 いやはや、関東平野のど真ん中で生まれ育った身からすると羨ましいかぎりですね。私の場合は、恐竜どころか、化石が近郊では採れませんから。博物館も近くにないですし。
芝原 じゃあ、土屋さんはどうしてこの道に？

土屋 恐竜は好きでしたね。でも、きっかけは覚えていないんです。ただし、理系を志したのは、覚えています。小学2年生のときに読んだ、手塚治虫の『鉄腕アトム』がきっかけです。

芝原 え? アトムに恐竜や化石って出てきましたっけ?

土屋 いやいや、古生物学ではなく「理系」のきっかけですね。アトムをつくった天馬博士になりたかった。だから、ロボット少年でしたよ。通信教育で電子工作をやっていました。

芝原 じゃあ、どうして、古生物学に?

土屋 段階があるんです。ロボット少年でしたが、日本史とか世界史も好きだった。そこで、高校を選ぶときに、理数系に進むか、史学系に進むかを悩んだんです。ちょうど埼玉県の公立高校に理数科ができて、そこに合格したから理系に。そして、その担任の先生が「地学」の教師だったんですね。昔から恐竜は好きだったし、恐竜って、化石って、地学って面白い、と。そのときに道が決まったんです。

芝原 あー、『あるある』ですね。高校の先生の影響は大きい。私は高校時代は地学を履修できなかったんですけど、野外調査部という部活に入っていて、その顧問の先生にいろいろと教わりました。

ズバリ、食べていけるのか?

編集部 古生物学をやっている人って、どうやって生活をされているのでしょう? ロマンだな、って思うのですが……。食べていけるのでしょうか?

土屋 心配されてしまいましたね(笑)。もちろん、ロマンはありますよ。生命の神秘とか、進化とか。

芝原 究極的にいえば、「私たちはどこから来て」「どこへ行くのか」ですよね。でも、いわゆる"実用面"でも有用なんですよ。

土屋 資源探査ですよね。

芝原 そうです。私は専門の一つとして、有孔虫というプランクトン(「星の砂」といわれているのもその一つ)の化石を調べています。数万個体を集めて分類し、そのデータを地層ごとに統計処理して、たとえば、石油が出やすい地層などの特定に利用されます。

有孔虫の化石。プレパラートくらいの大きさの台紙に、とても小さなものがキレイに並んでいます。白い枠の一辺の長さは約4mm!

土屋 その意味では、社会基盤に大切な学問なんですよね。「見つけた!」だけでは終わらない。

芝原 見つけたものにたいして、どのように意味をもたせられるか。その意味を解析するか。膨大な量の標本を調査して、サイエンスとして、資源探査につなげていく。そういう意味では、とても実用的なサイエンスなんですよ。

土屋 古生物学の"実用面"の一つですよね。研究費も取れる(笑)。

芝原 まあ、正直にいえば、"実用面ではない自分がおもしろいと思うこと"を突き詰めると、研究と

しては良いものになると思っています。でも、おもしろいこと、好きなことばっかりやっていると、研究費の問題も出てくるかもしれない。しっかりと成果を出さなくてはいけない。生活もかかってますから。でも、好きな研究ももっとやりたい。そのジレンマとの闘いですよね。
土屋 私も学生のときにそのジレンマに陥りました。実用面をあまり考えずに、シンプルに古生物学を楽しみたいと思っていたのですが、「それでいいのか」という自問がありました。

やりたいことと実用面のバランスをどうとる？

編集部 現在はお二人ともこうして、古生物学の分野で活躍していらっしゃいますが、やりたいことと実用性や成果との板挟みで抱えていたジレンマをどう乗り越えたのでしょうか。
土屋 あるとき、出前講義に来てくれた先生が「エンターテインメントとしてのサイエンスがあってよい」と話されて……。
芝原 おお、良いことをいわれますね。
土屋 天啓でした。シンプルにオモシロい。シンプルに楽しい。そんなサイエンスとしての古生物学、と。その一言で人生の方針が決まったんです。転換点だったと思います。そのときから、最初はまずは博物館の学芸員をめざしました。
芝原 それがなぜ、サイエンスライターに？
土屋 学部4年生のときに、「ああ、出版界という道もあるな」と思いつきました。自分がオモシロいと思っていることを数万人、数十万人の人に読んでもらえる。これもエンターテインメント・サイエンスだなと思って。それで科学雑誌『Newton』の編集部に。その後、独立して、今は幸いにも地質学や古生物学を軸に物書きとして活動することができています。
芝原 土屋さんが出版界というか、メディアに就職されたことで、地学系の学生にも「こういう道があるんだ」ということを具体例としてみせられたと思いますよ。
土屋 そうですね。実際にアウトリーチやメディアの活動に興味のある学生の相談にものるようになりました。個人的には古生物学だけではなく、地学系の学生にこうした職業、就職先があるということをもっと知ってほしいと思っています。
芝原 頑張ってください。期待しています。
土屋 私自身はまだまだ修行中の身ですが……。話を戻すと、私は研究者ではないので、古生物学のロマンの面を強調できる立場にいます。過去にどんな姿の生物がいて、どのように生きていて、どう進化したのか。そんな謎にワクワクする。それって、シンプルだけど、とても大切な知的好奇心だと思うんです。その好奇心や探究心を大切にしたいな、と。
芝原 私も最近は、そういう知的好奇心って大切だなって思うようになって……。それで、「研究の見せ方」そのものも研究しています。デジタルデータや3Dプリンタなどを駆使すれば、できることも多いかな、と。一方で、「食べていくための技術」も必要かな、と思うようになりまして、私は大学などで講義するときは、「技術」も教えるようにしています。古生物学だけじゃなく、汎用性の高い技術を。少しでも、学生の将来の選択肢を増やしてあげたいと思います。
編集部 古生物学は、これからどのように進んでいくのでしょうか？
芝原 まちがいなく進んでいくのは、細分化と分野融合でしょうね。より細かなところが見えてくる。そして、人工知能やVR（バーチャルリアリティ）技術を駆使した研究も行われるようになるでしょう。
土屋 個人的には、そうした細分化によって、これまでよりもっと「オモシロいこと」が明らかになるのを期待しています（笑）。

古生物にまつわるおもしろい作品を教えて!

編集部 最後に、おすすめの本や映画を教えてください。
芝原 『木の葉化石の夏』をすすめたい。
土屋 あー、アニメですね。綺麗な作品ですよね。
芝原 自主制作作品ですかね。「木の葉化石」はあくまでも小道具の一つですけれども、幼い頃の夏休みに、化石採集に行っていたあの空気感を思い出してしまいます。
土屋 私は、幼い頃に化石採集には行っていなかったので、その「懐かしさ」はわからないのですが(苦笑)、でも、羨ましさを感じるくらいの雰囲気は伝わってきます。良い作品ですよね。
芝原 土屋さんのおすすめは?
土屋 では、私は小説の『失われた世界』を。
芝原 ホームズで知られるコナン・ドイルの作品ですね。
土屋 そうです。いうなれば、『ジュラシック・パーク』の古典的存在というか。エンターテインメント作品として、古生物が登場する。あのドキドキ感が100年以上前の作品でも味わえます。
芝原 たしかにたしかに。私からはもう一つ。手塚治虫の『火の鳥 未来編』を。
土屋 ナメクジの出てくる作品?
芝原 そうです。「進化」がどのように進むのか。その感覚を味わっていただけるかと思います。
土屋 こうしてみると、古生物の出てくる作品って多いですよね。
芝原 ほかにもいくつか候補はあります。エンターテインメントとして、楽しんでほしいです。
土屋 すぐそこに古生物がいるんだよ、ですね。本書のような1冊を手元に置いておくと、サイエンスも味わえてより楽しい。
編集部 まとめてくださったところで、これにて終了です。お二人ともありがとうございました。

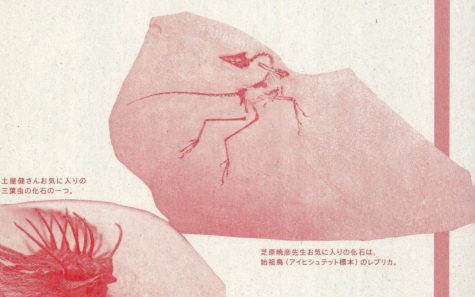

土屋健さんお気に入りの三葉虫の化石の一つ。

芝原暁彦先生お気に入りの化石は、始祖鳥(アイヒシュテット標本)のレプリカ。

この本で紹介した化石の
所蔵博物館ガイド

本書で紹介した化石が所蔵されている、日本の博物館を紹介します。
ぜひ、実際に行って見てみてください。化石の迫力や美しさを堪能できます!

P93

足寄動物化石博物館

〒089-3727 北海道足寄郡足寄町郊南1-29-25
☎0156-25-9100
http://www.museum.ashoro.hokkaido.jp/

デスモスチルスに代表される束柱類の展示が充実。しかもガラスケースなどはなく、"むき出し"状態で並んでいるところは、写真撮影にとてもありがたい。予約なしでできる体験メニューも複数用意されている。

P73,80

いわき市石炭・化石館　ほるる

〒972-8321 福島県いわき市常磐湯本町向田3-1
☎0246-42-3155
http://www.sekitankasekikan.or.jp/

地元いわき市で見つかったフタバスズキリュウの全身復元骨格をはじめとして、本書に掲載したプリオサウルス、ポリコティルスなど"3タイプのクビナガリュウ類"がそろって展示されている。恐竜化石や翼竜化石の展示もある。

P82,83

三笠市立博物館

〒068-2111 北海道三笠市幾春別錦町1-212-1
☎01267-6-7545
http://www.city.mikasa.hokkaido.jp/museum/

「アンモナイトの博物館」と呼ばれるほど、アンモナイト化石のコレクションが充実している。その多くは北海道産のアンモナイトで、その多様性や美しさは圧巻の一言。妥協のない解説は専門的で細部まで詳しい。

P44,77

ミュージアムパーク
茨城県自然博物館

〒306-0622 茨城県坂東市大崎700
☎0297-38-2000
https://www.nat.museum.ibk.ed.jp/

自然史全般の展示が充実した博物館。古生物関連の展示は通史的で、良い意味で各時代のマニアックな標本が多い。本書で紹介したパレイアサウルス標本は、ぜひ、実物をご覧頂きたい。他にメガロドンの歯の密集層なども必見。

P96

北海道博物館

〒004-0006 北海道札幌市厚別区厚別町小野幌53-2
☎011-898-0466
http://www.hm.pref.hokkaido.lg.jp/

赤れんがの建物外観が目印の博物館。地元北海道密着型。入口ホールに並ぶケナガマンモスとナウマンゾウの全身復元骨格は必見で、その足元に広がる地図、大型ディスプレイに表示される最新情報とあわせて楽しみたい。

P47

佐野市葛生化石館

〒327-0501 栃木県佐野市葛生東1-11-15
☎0283-86-3332
http://www.city.sano.lg.jp/kuzuufossil/

近郊にペルム紀の化石産地があることにちなみ、ペルム紀に関する展示が充実している。とくに入口近くのイノストランケヴィアの全身復元骨格は必見。その他、ニッポンサイやヤベオオツノジカなどの日本産哺乳類も並ぶ。

P37,46,89
群馬県立自然史博物館

〒370-2345 群馬県富岡市上黒岩1674-1
☎0274-60-1200
http://www.gmnh.pref.gunma.jp/

本書に掲載したディメトロドンの他にも、巨大竜脚類ブラキオサウルス（ギラッファティタン）をはじめとした恐竜類、さまざまな絶滅哺乳類などが充実。トリケラトプスの発掘現場再現ジオラマは必見。

P40,41
豊橋市自然史博物館

〒441-3147
愛知県豊橋市大岩町字大穴1-238（豊橋総合動植物公園内）
☎0532-41-4747
http://www.toyohaku.gr.jp/sizensi/

豊橋総合動植物公園内にある博物館。全時代を通して展示が充実している。とくに古生代展示室では、充実のメゾンクリーク標本コレクションを見ることができる。VR技術も導入され、さまざまな角度で楽しむことができる。

P36,88
国立科学博物館

〒110-8718 東京都台東区上野公園7-20
☎03-5777-8600
http://www.kahaku.go.jp/

東京・上野公園内にある、言わずと知れた"総合科学博物館"。古生物に関しては、時代を通して全般的に充実している。とくに独立したフロアのある恐竜類と、広いコーナーをもつ絶滅哺乳類の展示は注目。

P79
きしわだ自然資料館

〒596-0072 大阪府岸和田市堺町6-5
☎072-423-8100
http://www.city.kishiwada.osaka.jp/site/shizenshi/

地元きしわだの自然と、多数の哺乳類剥製標本を展示する資料館。近郊で発見されたモササウルス類の化石とそれにちなんで展示されているクリダステスの全身復元骨格は必見中の必見。躍動感のある展示は最新の知見にもとづく。

P42,68
東海大学自然史博物館

〒424-8620 静岡県静岡市清水区三保2389
☎054-334-2385
http://www.sizen.muse-tokai.jp/

ディプロドクスをはじめとする恐竜化石が目をひく。一方で、本書に収録したスクトサウルスの全身復元骨格や、独特のポーズで復元されているケナガマンモスの全身骨格など、他では見ることができない展示も見逃せない。

P94
徳島県立博物館

〒770-8070
徳島県徳島市八万町向寺山（文化の森総合公園）
☎088-668-3636
http://www.museum.tokushima-ec.ed.jp/

地元徳島県に密着した各種展示が充実しているが、まず見逃してはならないのは、なんといっても「ラプラタ記念ホール」の絶滅哺乳類たち。とくにメガテリウムの全身復元骨格に関しては、360度全方位からの観察が可能。

P92
福井県立恐竜博物館

〒911-8601
福井県勝山市村岡町寺尾51-11 かつやま恐竜の森内
☎0779-88-0001
http://www.dinosaur.pref.fukui.jp/

圧倒的な数を誇る恐竜類の全身復元骨格は、有名どころからマイナーどころまで多岐にわたる。見逃してはいけないのは「生命の歴史」ゾーン。充実の展示は「恐竜博物館だけれども恐竜だけではない」ことを物語る。

P84
北九州市立自然史・歴史博物館（いのちのたび博物館）

〒805-0071 福岡県北九州市八幡東区東田2-4-1
☎093-681-1011
http://www.kmnh.jp/

奥行きのある巨大なホールに、まるで行進しているかのように並ぶ脊椎動物の全身復元骨格は、圧巻の一言に尽きる。天井に吊られている各種全身復元骨格、そして、充実のアンモナイト類展示コーナーも忘れずに。

種名索引

アークティヌルス	25,33
アーケオプテリクス	74,75
アカンソピゲ・コンサングイニア	33
アクラムス	28
アサフス・コワレウスキー	21
アノマロカリス	12,13,50,51
アンスラコメデューサ	41
アンドリュウサルクス	86,87
アンブロケトゥス	88
イノストランケヴィア	47,59
ヴァコニシア	31
エッセクセラ	41
エルベノチレ	32
エルラシア	17
オパビニア	14,51,53
ガストルニス	89
キンベレラ	11
クラドセラケ	37
クリダステス	78,79
ゲロトラックス	67
ザカントイデス	16
シンダーハンネス	30
スクトサウルス	42,43,44,45
ステゴサウルス	70,71,99
スファエロコリフ	19
スミロドン	90,91
ゼノスミルス	91
セラウルス	19
ダンクルオステウス	36
ツリモンストラム	40
ティクターリク	38,39,54,55
ディクラヌルス・ハマタス・エレガンス	33
ディクラノペルティス	24,25,33
ディッキンソニア	10
ディプロドクス	68,69
ディメトロドン	46,47
ティラノサウルス	50,52,60,61,76,77,101
デスマトスクス	66
デスモスチルス	93
テラタスピス	34,35
トリブラキディウム	11,53
ニエズコウスキア	20
ニッポニテス	82,83,84
ハイポディクラノータス	18,22
バキュリテス	83
パラドキシデス	15
パルヴァンコリナ	11
パレイアサウルス	44,45
ピアチェラ	17
フタバサウルス／フタバスズキリュウ	80,81
プテリゴトゥス	28,29
プラビトセラス	84
プリオサウルス	72,73
フルカ・ボヘミカ	23
フルカ・マウリタニカ	23
ヘリコプリオン	48
ボエダスピス	22
ホモテリウム	91
ポリプチコセラス	83
マカイロドゥス	90
マルレラ	14,23,31,51
マンモス・プリミゲニウス	96
ミクソプテルス	26,27
ミメタスター	31
メガテリウム	94,95
メガンテレオン	91
メテオラスピス	17
モロプス	92
ユーボストリコセラス	83
レモプリウリデス	20,22
ワリセロプス・トリファーカトゥス	32

参考文献

本書に登場する年代値は、とくに断りのないかぎり、International Commission on Stratigraphy, v2016/04, INTERNATIONAL STRATIGRAPHIC CHART
を使用している

○一般書籍

『エディアカラ紀・カンブリア紀の生物』
監修：群馬県立自然史博物館、著：土屋健、2013年刊行、技術評論社

『大人のための「恐竜学」』
監修：小林快次、著：土屋健、2013年刊行、祥伝社新書

『オルドビス紀・シルル紀の生物』
監修：群馬県立自然史博物館、著：土屋健、2013年刊行、技術評論社

『恐竜学入門』
著：David E. Fastovsky, David B. Weishampel、2015年刊行、東京化学同人

『古生物学事典 第2版』
編集：日本古生物学会、2010年刊行、朝倉書店

『古第三紀・新第三紀・第四紀の生物 上巻』
監修：群馬県立自然史博物館、著：土屋健、2016年刊行、技術評論社

『古第三紀・新第三紀・第四紀の生物 下巻』
監修：群馬県立自然史博物館、著：土屋健、2016年刊行、技術評論社

『三畳紀の生物』
監修：群馬県立自然史博物館、著：土屋健、2015年刊行、技術評論社

『ジュラ紀の生物』
監修：群馬県立自然史博物館、著：土屋健、2015年刊行、技術評論社

『デボン紀の生物』
監修：群馬県立自然史博物館、著：土屋健、2014年刊行、技術評論社

『石炭紀・ペルム紀の生物』
監修：群馬県立自然史博物館、著：土屋健、2014年刊行、技術評論社

『地質学者アーサー・ホームズ伝』
著：チェリー・ルイス、2003年刊行、古今書院

『白亜紀の生物 上巻』
監修：群馬県立自然史博物館、著：土屋健、2015年刊行、技術評論社

『白亜紀の生物 下巻』
監修：群馬県立自然史博物館、著：土屋健、2015年刊行、技術評論社

『はじめての地学・天文学史』
編著：矢島道子、和田純夫、2004年刊行、ベレ出版

『バーナムの骨』
文：トレイシー・E・ファーン、絵：ボリス・クリコフ、2013年刊行、光村教育図書

『メアリー・アニングの冒険』
著：吉川惣司・矢島道子、2003年刊行、朝日新聞出版社

『Newton別冊 生命史35億年の大事件ファイル』
2010年刊行、ニュートンプレス

『$Tyrannosaurus\ rex$ THE TYRANT KING』
編：Peter Larson, Kenneth Carpenter、2008年刊行、Indiana University

○プレスリリース

恐竜における骨髄骨の存在を化学的に証明、新潟大学、2016年4月8日

○学術論文

Linda A.Tsuji, Christian A.Sidor, J-Sébastien Steyer, Roger M.H.Smith, Neil J.Tabor, Oumarou Ide, 2013, The vertebrate fauna of the Upper Permian of Niger-VII.Cranial anatomy and relationships of Bunostegos akokanensis(Pareiasauria), Journal of Vertebave Paleontology-,33:4,p747-763

Mary Higby Schweitzer, Wenxia Zheng, Lindsay Zanno, Sarah Werning, Toshie Sugiyama, 2016, Chemistry supports the identification of gender-specific reproductive tissue in $Tyrannosaurus\ rex$, Scientific Reports, 6, Article number: 23099 doi:10.1038/srep23099

Štěpán Rak, 2009, The occurrence of non-trilobite arthropods from the quartzites of Letná Formation from the vicinity of Beroun, Geologie, paleontologie, speleologie - Český kras XXXV

Peter Van Roy, 2006, Non trilobite arthropods from the ordovician of morocco, Ghent University Ph.D. treatise

Yuta Shiino, Osamu Kuwazuru, Yutaro Suzuki, Satoshi Ono, 2012, Swimming capability of the remopleuridid trilobite *Hypodicranotus striatus*: Hydrodynamic functions of the exoskeleton and the long, forked hypostome, Journal of Theoretical Biology, 300, 29–38

Photo
写真提供（順不同）
ふぉっしる／オフィス ジオパレオント／amanaimages／Getty images／福井県立恐竜博物館／御前明洋／株式会社アトラス／VIREO／Royal Ontario Museum／Georg Oleschinski from the Steinmann Institute in Bonn／Harvard Univercsity Museum of Comparative Zoology／Naturhistorisches Museum Mainz (Landessammlung für Naturkunde Rheinland-Pfalz)／Museum of Natural History Stuttgart／Carola Radke, Museum für Naturkunde Berlin／Visual Resources for Ornithology／Saint-Petersburg Paleontological Laboratory／http://www.trilobiti.com

撮影協力（順不同）
足寄動物化石博物館／いわき市石炭・化石館／三笠市立博物館／ミュージアムパーク茨城県自然博物館／北海道博物館／佐野市葛生化石館／群馬県立自然史博物館／豊橋市自然史博物館／国立科学博物館／きしわだ自然資料館／東海大学自然史博物館／徳島県立博物館／福井県立恐竜博物館／北九州市立自然史・歴史博物館

撮影　安友康博

Book Staff
イラスト　安西泉／ひらのあすみ（P49〜64）
デザイン　TAKAIYAMA inc.
編集　　　室橋織江（株式会社ネイチャー＆サイエンス）
協力　　　進藤美和

著者
土屋 健（つちや・けん）
オフィス ジオパレオント代表。サイエンスライター。埼玉県生まれ。金沢大学大学院自然科学研究科で修士号を取得（専門は地質学、古生物学）。その後、科学雑誌『Newton』の記者編集者、サブデスク（部長代理）を経て2012年に独立し、現職。フリーランスとして、日本地質学会の一般向け広報誌『ジオルジュ』のデスク兼ライターを務めるほか、雑誌などの寄稿も多い。twitter（https://twitter.com/paleont_kt）では、古生物学や地質学に関連した和文ニュースの紹介を中心に平日毎朝ツイートしている。愛犬たちとの散歩と昼寝が日課。近著に『古第三紀・新第三紀・第四紀の生物』（上下巻：技術評論社）、『世界の恐竜MAP 驚異の古生物をさがせ！』（エクスナレッジ）、『完全解剖ティラノサウルス』（NHK出版）など。

協力
芝原暁彦（しばはら・あきひこ）
古生物学者。産総研ベンチャー 地球科学可視化技術研究所CEO／代表研究員。国立研究開発法人産業技術総合研究所地質標本館学芸員。筑波大学生命環境科学研究科博士課程修了、理学博士。著書に『化石観察入門：様々な化石の特徴、発掘方法、新しい調べ方がわかる』（誠文堂新光社）、監修に『世界の恐竜MAP 驚異の古生物をさがせ！』（エクスナレッジ）など。

楽しい動物化石

2016年10月20日　初版印刷
2016年10月30日　初版発行

著者　　土屋 健
編集　　株式会社ネイチャー＆サイエンス
協力　　芝原暁彦
発行者　小野寺 優
発行所　株式会社河出書房新社
　　　　〒151-0051　東京都渋谷区千駄ヶ谷2-32-2
　　　　電話　03-3404-8611（編集）
　　　　　　　03-3404-1201（営業）
　　　　http://www.kawade.co.jp/

印刷・製本　凸版印刷株式会社

Printed in Japan
ISBN978-4-309-25568-2

落丁・乱丁本はお取り替えいたします。
本書のコピー、スキャン、デジタル化等の無断複製は著作権法上での例外を除き禁じられています。本書を代行業者等の第三者に依頼してスキャンやデジタル化することは、いかなる場合も著作権法違反となります。